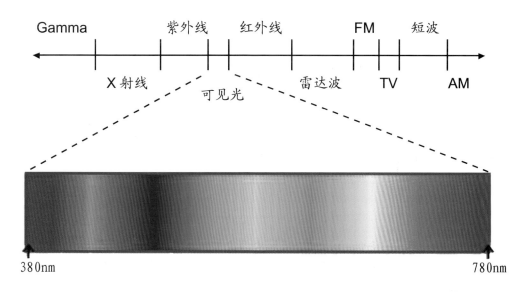

彩图 1 光谱

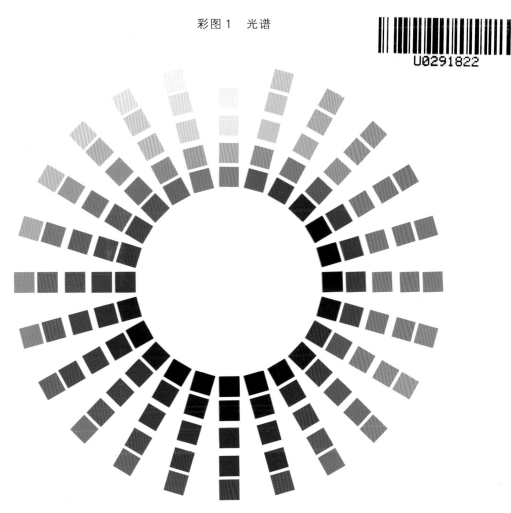

彩图 2 色温图

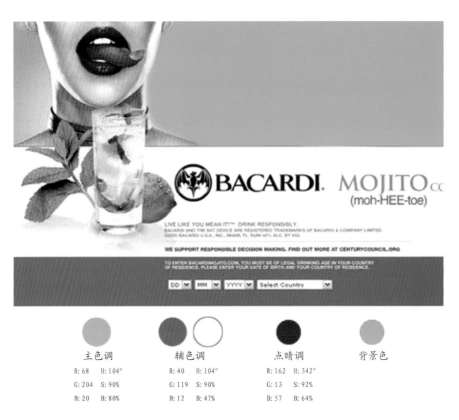

主色调	辅色调	点睛调	背景色
R: 68　H: 104°	R: 40　H: 104°	R: 162　H: 342°	
G: 204　S: 90%	G: 119　S: 90%	G: 13　S: 92%	
B: 20　B: 80%	B: 12　B: 47%	B: 57　B: 64%	

彩图 3　绿色网页例图

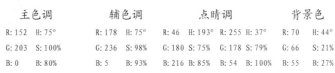

主色调	辅色调	点睛调		背景色
R: 152　H: 75°	R: 178　H: 75°	R: 46　H: 193°	R: 255　H: 37°	R: 70　H: 44°
G: 203　S: 100%	G: 236　S: 98%	G: 180　S: 75%	G: 178　S: 79%	G: 66　S: 21%
B: 0　B: 80%	B: 5　B: 93%	B: 216　B: 85%	B: 54　B: 100%	B: 55　B: 27%

彩图 4　绿色高纯度网页例图

主色调	辅色调	点睛调	背景色
R: 185 H: 87°	R: 89 H: 98°	R: 223 H: 347° R: 241 H: 47°	
G: 223 S: 38%	G: 178 S: 80%	G: 0 S: 100% G: 202 S: 77%	
B: 139 B: 87%	B: 36 B: 70%	B: 49 B: 87% B: 56 B: 95%	

彩图 5 同类色浅绿色网页例图

彩图 6 A 客户网站配色示例

彩图 7　项目二任务的原图

彩图 8　项目二任务的效果图

彩图 9　项目三任务一的原图　　　彩图 10　项目三任务一的效果图

彩图 11　项目三任务二的原图

彩图 12　项目三任务二的效果图

彩图 13　项目三任务三的原图

彩图 14　项目三任务三的效果图

彩图 15　项目三任务四的原图

彩图 16　项目三任务四的效果图

彩图 17　项目四任务一的效果图

彩图 18　项目四任务二的原图　　　　　彩图 19　项目四任务二的效果图

彩图 20　项目四任务三的原图

彩图 21　项目四任务三的效果图

彩图 22　项目四任务四的原图

彩图 23　项目四任务四的效果图

彩图 24　项目四任务五的原图

彩图 25　项目四任务五的效果图

彩图 26　项目四任务六的原图

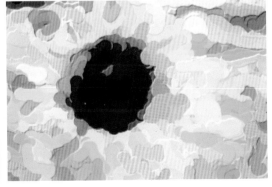

彩图 27　项目四任务六的效果图

彩图 28 项目四任务七的原图

彩图 29 项目四任务七的效果图

彩图 30 项目四任务八的原图

彩图 31 项目四任务八的效果图

彩图 32 项目四任务九的原图

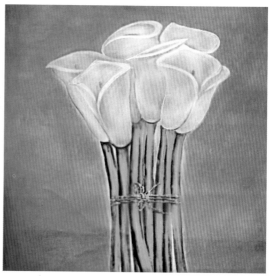

彩图 33 项目四任务九的效果图

彩图 34　项目四任务十的原图

彩图 35　项目四任务十的效果图

彩图 36　项目四任务十一的原图

彩图 37　项目四任务十一的效果图

彩图 38　项目四任务十二的原图

彩图 39　项目四任务十二的效果图

彩图 40　项目四任务十三的原图　　　　　　彩图 41　项目四任务十三的效果图

彩图 42　项目五任务一的原图　　　　　　彩图 43　项目五任务一的效果图

彩图 44　项目五任务二的原图

彩图 45　项目五任务二的效果图

彩图 46　项目五任务三的原图　　　　彩图 47　项目五任务三的效果图

彩图 48　项目五任务四的原图　　　　彩图 49　项目五任务四的效果图

彩图 50　项目五任务五的原图　　　　　　彩图 51　项目五任务五的效果图

彩图 52　项目五任务六的原图　　　　　　彩图 53　项目五任务六的效果图

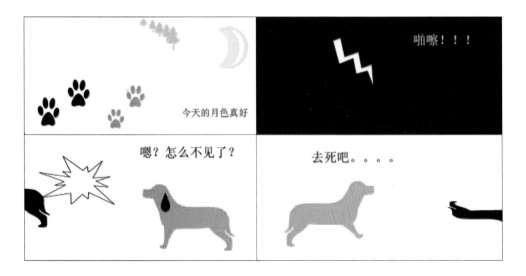

彩图 54　项目六任务一的效果图

彩图 55　项目六任务二的原图

彩图 56　项目六任务二的效果图

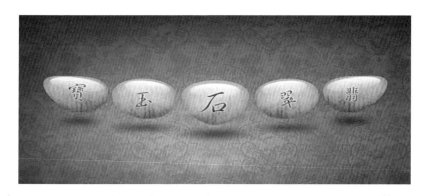

彩图 57　项目六任务三的效果图

彩图 58　项目七任务一的原图　　　　　　彩图 59　项目七任务一的效果图

彩图 60　项目七任务二的原图　　　　　　彩图 61　项目七任务二的效果图

彩图 62　项目七任务三的原图　　　　　　彩图 63　项目七任务三的效果图

彩图 64　项目七任务四的原图　　　　　　彩图 65　项目七任务四的效果图

彩图 66 项目七任务五的原图　　　　　彩图 67 项目七任务五的效果图

彩图 68 项目七任务六的效果图

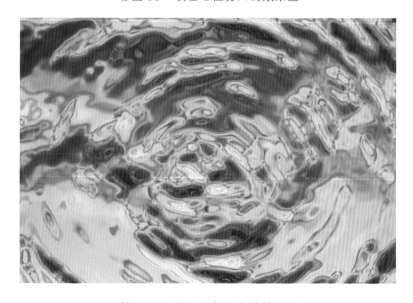

彩图 69 项目七任务七的效果图

彩图 70　项目八任务一的原图

彩图 71　项目八任务一的效果图

彩图 72　项目八任务二的原图

彩图 73　项目八任务二的效果图

高职高专电子商务专业规划教材

图像处理实用教程

（任务驱动式）

主编 王海青 刘杨 王萍

中国建材工业出版社

图书在版编目（CIP）数据

图像处理实用教程：任务驱动式 / 王海青，刘杨，
王萍主编. —北京：中国建材工业出版社，2015.3
高职高专电子商务专业规划教材
ISBN 978-7-5160-1164-5

Ⅰ. ①图… Ⅱ. ①王… ②刘… ③王… Ⅲ. ①图象处
理软件—高等职业教育—教材 Ⅳ. ①TP391.41

中国版本图书馆CIP数据核字（2015）第041615号

内 容 简 介

本书是一本讲解如何用Photoshop CS6进行图像处理的任务驱动式教程。全书系统讲解了Photoshop的基础知识，力求涉及知识全面，并秉承实例与知识结合的基本理念，在每个项目中用任务贯穿各知识点，用简洁有效的方法向读者介绍Photoshop知识的应用。

本书共分为八个项目，分别为了解色彩基础知识、认识Photoshop CS6、图像基本操作、工具箱的使用、图像调整技术应用、图层的应用、应用滤镜进行特效制作、通道与蒙版的应用等。

本书目标明确，结构新颖，图文并茂，通俗易懂，具有很强的操作性和实用性，既可作为高职高专院校电子商务、计算机类、艺术设计类专业的教材，也可以作为广大平面设计人员及Photoshop CS6初级读者的参考书。

图像处理实用教程（任务驱动式）

主编 王海青 刘 杨 王 萍

出版发行：中国建材工业出版社
地　　址：北京市海淀区三里河路1号
邮　　编：100044
经　　销：全国各地新华书店
印　　刷：北京雁林吉兆印刷有限公司印刷
开　　本：787mm×1092mm　1/16　彩插：1印张
印　　张：15.75
字　　数：392千字
版　　次：2015年3月第1版
印　　次：2015年3月第1次
定　　价：46.00元

本社网址：www.jccbs.com.cn　　微信公众号：zgjcgycbs
本书如出现印装质量问题，由我社市场营销部负责调换。联系电话：（010）88386906

本书编委会

主编：王海青　刘　杨　王　萍

参编：（以姓氏笔画为序）

王立坤　巩建学　宋　妍　姚思妤　秦慧娟

前　言

随着互联网技术的发展，特别是计算机和相关软件的普及，电子文件与人们的生活工作关系越来越密切，其中很重要的一项就是图像文件，例如：商业网站中图片和广告、店铺商品展示、数码照片等方面。但在应用图像时一般都要对原始素材进行处理，包括修饰、修改，甚至于再次创作等，这就需要掌握图像处理技术。

本书从初学者角度出发，以 Photoshop CS6 软件为基础，系统、详尽地讲解了图像处理的知识点，并结合任务和练习达到知识应用的目的。

项目一　主要介绍了色彩的基础知识。

项目二　主要介绍了图像处理的基本概念，讲解了 Photoshop CS6 的工作区的设置，通过窗口菜单讲解了控制面板，并着重讲解了历史记录与动作面板的使用。

项目三　主要讲解了图像的基本操作，如图像的大小、旋转、变换、填充和描边等操作。

项目四　详细介绍了工具箱中各个工具的使用。

项目五　主要讲解了图像调整技术应用。主要结合图像菜单中的调整项和自动调整项，以及图层面板中的"创建新的填充或调整图层"按钮中的各项进行详细讲解。

项目六　主要讲解了图层的应用。介绍了图层菜单，并详细讲解图层的混合模式及图层样式。

项目七　主要讲解了应用滤镜进行特效制作的技术。结合"滤镜"菜单和图层面板中关于滤镜的相关内容进行了详细讲解。

项目八　主要讲解了通道与蒙版的应用。介绍了通道和蒙版的知识，结合工具箱、图层菜单以及通道面板中涉及通道和蒙版的相关内容进行详细介绍。

本书由王海青主持策划，北京电子科技职业学院教师王海青、刘杨、王萍共同编写完成。此外，还要特别感谢对本书给予支持和帮助的王立坤、巩建学、宋妍、姚思妤、秦慧娟等老师，以及为本书提供图像的模特和网友。

本书在编写过程中力求全面、深入地讲解 Photoshop CS6 图像处理技术，但由于编者水平有限，书中难免会有不足之处，希望广大读者给予批评指正。

编　者

2015 年 2 月

目 录

项目一　了解色彩基础知识

1. 了解色彩的基本概念：三原色、色彩的特性、冷暖色。
2. 掌握配色设计原理。

能力目标

能够利用所学知识设计配色方案。

▌════ 任务　网站配色方案设计 ════▐

任务描述

某外贸公司主要经营进口红酒生意，根据发展要求，企业期望通过建设网站展示企业产品和服务。请根据该企业的要求，设计该网站色彩方案。

理论知识

一、三原色

原色，又称为基色，即用以调配其他色彩的基本色。原色的色纯度最高、最纯净、最鲜艳，可以调配出绝大多数色彩，而其他颜色不能调配出三原色。

三原色分为两类：色光三原色和颜料三原色。

1. 色光三原色

色光三原色即红（red）、绿（green）、蓝（blue）。人的眼睛是根据所看见的光的波长来识别颜色的，可见光波只是光谱中的一小段，大概在 400～700nm 之间（彩图 1）。当这一部分光线触及到人类的眼睛时，大脑就能够感知出光与色彩，而大部分影像传感器与胶片对光线的感光与人类的眼睛几乎相同。可见光谱中的大部分颜色可由三种基本色光按不同比例混合而成，这三种基本色就是红色、绿色和蓝色，简称 RGB。

2. 颜料三原色

颜料三原色即青色（cyan）、品红（magenta）和黄色（yellow），也称为印刷色彩模式，是一种依靠反光的色彩模式，和RGB类似，CMY是3种印刷油墨名称的首字母：青色（cyan）、品红（magenta）、黄色（yellow）。但现在常用的印刷色彩模式是CMYK，其中K是源自一种只使用黑墨的印刷版Key Plate。从理论上来说，只需要CMY三种油墨就足够了，它们三个加在一起就应该得到黑色。但是由于目前制造工艺还不能造出高纯度的油墨，CMY相加的结果实际是一种暗红色，所以特意加入黑色墨晶。

而在打印、印刷、油漆、绘画等场合所用的颜料三原色是青色（cyan）、品红（magenta）和黄色（yellow）。

3.RGB和CMYK区别

RGB模式是一种发光的色彩模式，在一间黑暗的房间内仍然可以看见屏幕上的内容。这种模式被广泛应用于电视机、监视器等主动发光的产品中。

CMYK是一种依靠反光的色彩模式。人们是怎样阅读报纸的内容呢？是由阳光或灯光照射到报纸上，再反射到人们的眼中，才看到内容。它需要有外界光源，人在黑暗房间内是无法阅读报纸的。

青、品红、黄三种油墨原色是RGB色光三原色的补色，补色对应关系（图1-1）如下：

青色——红色

品红——绿色

黄色——蓝色

红＝黄＋品红

绿＝青＋黄

蓝＝青＋品红

图1-1　RGB与CMYK的关系

由此可知，红、绿、蓝（RGB）这三种颜色是油墨原色（CMY）的间色，红色可以分离出黄色和品红色，黄色加青色油墨可以得到绿色等这样的色彩关系要牢牢记住。

二、色彩的特性

数码相机成像原理是色光三原色，所拍摄照片的色彩与真实色彩客观上是存在差异的，这就需要在拍摄与后期制作中，通过对色彩的掌控对图片做出较好的阐释，这就是色彩的三个特性——色调（色相）、明度与饱和度。

1.色相

色相（hue），是一种颜色区别于另一种颜色的表象特征，所谓红、蓝、黄、绿等称呼，就是色彩的色相。

美国画家、教育家Albert H.Munsell将色相分割成五种基本色——红、黄、绿、蓝、紫，五种中间色——黄红、黄绿、青绿、蓝紫、红紫，共10种色相，如图1-2所示。将色相按照波谱上的顺序排列，首尾相连，形成的环状结构称为"色相环"，色相环上处于正相对位置的色彩称为互补色，彼此邻近的色彩称为类似色，明白色相之间的关系可以使配色变得简单。

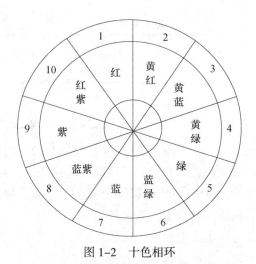

图1-2　十色相环

2. 明度

明度（lightness），是指色彩的明亮程度。明度最高的颜色是白色，最低的是黑色。例如向深红色中添加白色就调高了明度，变成了粉红色。"同色系色彩"是指同一色相的不同明度的色彩表现。明度方面的对比越强烈，色彩与色彩之间的交界部分则越明显。在实际的配色设计中，整体印象不发生变动的前提下，维持色相、饱和度不变，通过加大明度差的方法可以增加画面的张弛感。

3. 饱和度

饱和度（chroma），又称为纯度或彩度，是指色彩所具有的鲜艳度或强度。饱和度最高的颜色被称为纯色。随着纯色中其他某种色彩的加入，纯度不断降低，色彩由鲜艳变浑浊，纯度最低的色彩是灰色（无彩色）。

在实际配色中，通过调整纯度，可以使相同的色相形成不同的印象。一般来讲，色彩的纯度越高，越容易形成强劲有力、充满朝气的印象，而纯度越低，越容易形成成熟、稳重的印象。

需要说明的是，白色、黑色、灰色属于无彩色，这三种色彩没有色相属性和饱和度属性，只有明度一个属性，明度最高的是白色，最低的是黑色，因为其不含有纯度属性，所以和其他任何色彩搭配时都很和谐。合理恰当地运用无彩色，可以收紧设计画面，营造时尚的氛围和稳重的印象。但是，同时也应注意避免画面陷入单调、乏味、呆板的印象中。

三、色温——冷暖色

色温是表示光源光色的尺度，单位为K（开尔文）。

如果一个物体燃烧起来，首先火焰是红色的，随着温度升高变成橙黄色，然后变成白色，最后蓝色出现了。苏格兰数学家和物理学家Lord Kelvin在1848年最早发现了热与颜色的紧密结合关系，并且提出了"绝对零度"（−273.16℃）概念，从此创立了开氏温标（kelvin temperature scale）。开氏温标用K（kelvin的缩写）来表示温度单位，越低的数值表示越"红"，越高的数值表示越"蓝"。

光源色温不同，光色也不同，带来的感觉也不相同，色温在3300K以下有稳重的气氛，温暖的感觉；色温在3000～5000K为中间色温，有爽快的感觉；色温在5000K以上有冷的感觉。不同光源的不同光色组成最佳环境，如表1-1所示。

表 1-1 色温表

色温	光效	感受
<3300K	温暖（带红的白色）	稳重、温暖
3000～5000K	中间（白色）	爽快
>5000K	清凉型（带蓝的白色）	冷

冷色和暖色：冷色和暖色没有严格的界定，它是颜色与颜色之间相对而言的。例如，同是黄颜色，一种发红的黄是暖颜色，而偏蓝的黄色给人的感觉是冷色。

在彩图 2 中，以红色和黄色为中心的色彩属于暖色系色彩；以蓝色为中心的色彩属于冷色系色彩；位于两者之间的色彩被称为中性系色彩。

红色、橙色、黄色为暖色，象征着太阳、火焰。

绿色、蓝色、紫色为冷色，象征着森林、大海、蓝天。

灰色、黑色、白色为中间色。

冷色调的亮度越高越偏暖，暖色调的亮度越高越偏冷。

四、配色设计原理

1. 色彩语言

人的视觉器官在观察物体时，最初的 20s 内，色彩感觉占 80%，而其造型只占 20%；2min 后，色彩占 60%，造型占 40%；5min 后，各占一半。随后，色彩的印象在人的视觉记忆中继续保持。

色彩是不同波长光线对视觉作用的结果，本无什么"感情"而言。然而，大量事实证明，不同的色彩，能对人们产生不同的心理和生理作用，并且以人们的年龄、性别、经历、民族和所处环境等不同而有差别。

（1）红色的色感温暖，性格刚烈而外向，是一种对人刺激性很强的色。红色容易引起人的注意，也容易使人兴奋、激动、紧张、冲动，它还是一种容易造成人视觉疲劳的色。

在红色中加入少量的黄，会使其热力强盛，趋于躁动、不安。

在红色中加入少量的蓝，会使其热性减弱，趋于文雅、柔和。

在红色中加入少量的黑，会使其性格变的沉稳，趋于厚重、朴实。

在红色中加入少量的白，会使其性格变得温柔，趋于含蓄、羞涩、娇嫩。

（2）黄色的性格冷漠、高傲、敏感，具有扩张和不安宁的视觉印象。黄色是各种色彩中最为娇气的一种色。只要在纯黄色中混入少量的其他色，其色相感和色性格均会发生较大程度的变化。

在黄色中加入少量的蓝，会使其转化为一种鲜嫩的绿色。其高傲的性格也随之消失，趋于一种平和、潮润的感觉。

在黄色中加入少量的红，则具有明显的橙色感觉，其性格也会从冷漠、高傲转化为一种有分寸感的热情、温暖。

在黄色中加入少量的黑，其色感和色性变化最大，成为一种具有明显橄榄绿的复色印象。其色性也变得成熟、随和。

在黄色中加入少量的白，其色感变得柔和，其性格中的冷漠、高傲被淡化，趋于含蓄，易于接近。

（3）蓝色是一种有助于人头脑冷静的色。蓝色的朴实、内向性格，常为那些性格活跃、具有较强扩张力的色彩，提供一个深远、广阔、平静的空间，成为衬托活跃色彩的友善而谦虚的朋友。蓝色还是一种在淡化后仍然能保持较强个性的色。如果在蓝色中分别加入少量的红、黄、黑、橙、白等色，均不会对蓝色的性格构成较明显的影响力。

（4）绿色是具有黄色和蓝色两种成分的色。在绿色中，将黄色的扩张感和蓝色的收缩感相中庸，将黄色的温暖感与蓝色的寒冷感相抵消。这样使得绿色的性格最为平和、安稳，是一种柔顺、恬静、优美的色。

在绿色中黄的成分较多时，其性格就趋于活泼、友善，具有幼稚性。

在绿色中加入少量的黑，其性格就趋于庄重、老练、成熟。

在绿色中加入少量的白，其性格就趋于洁净、清爽、鲜嫩。

（5）紫色的明度在有彩色的色料中是最低的。紫色的低明度给人一种沉闷、神秘的感觉。

在紫色中红的成分较多时，其感觉具有压抑感、威胁感。

在紫色中加入少量的黑，其感觉就趋于沉闷、伤感、恐怖。

在紫色中加入白，可使紫色沉闷的性格消失，变得优雅、娇气，并充满女性的魅力。

（6）白色的色感光明，性格朴实、纯洁、快乐。白色具有圣洁的不容侵犯性。如果在白色中加入其他任何色，都会影响其纯洁性，使其性格变得含蓄。

在白色中混入少量的红，就成为淡淡的粉色，鲜嫩而充满诱惑。

在白色中混入少量的黄，则成为一种乳黄色，给人一种香腻的印象。

在白色中混入少量的蓝，给人感觉清冷、洁净。

在白色中混入少量的橙，有一种干燥的气氛。

在白色中混入少量的绿，给人一种稚嫩、柔和的感觉。

在白色中混入少量的紫，可诱导人联想到淡淡的芳香。

2. 实用经典配色方案

（1）基本配色——奔放

红色，或是它众多的明色和暗色中的一个，都能在一般设计和平面设计上展现活力与热忱。中央为红橙色的色彩组合最能轻易创造出有活力、充满温暖的感觉。

这种色彩组合让人有青春、朝气、活泼、顽皮的感觉，常常出现在广告中，展示精力充沛的个性与生活方式。把红橙和它的补色——蓝绿色——搭配组合起来，就会产生亲近、随和、活泼、主动的效果。

（2）基本配色——传统

传统的色彩组合常常是从那些具有历史意义的色彩那里仿来的。蓝、暗红、褐和绿等保守的颜色加上了灰色或是加深了色彩，都可表达传统的主题。例如，绿，不管是纯色或是加上灰色的暗色，都象征财富。狩猎绿（hunter green）配上浓金或是暗红、黑色表示稳定与富有。这种色彩常出现在银行和律师事务所的装潢上，因为它们代表恒久与价值。

（3）基本配色——低沉。

不同于其他色彩展现柔和，低沉之美的灰紫色没有对比色。灰紫色调和了红紫色、灰色和白色，是个少见的彩色。

任何颜色加上少许的灰色或白色，能表达出的柔和之美，如灰蓝色、灰绿色等。但若灰紫色本身被赋予其他彩度或亮度，则可能掩盖了原颜色的原有意境。使用补色，或比原色更生动的颜色，可使这些展现柔和之美的颜色顿时生机盎然，但要保持自然的柔美，亮度的变化应尽量少使用。

（4）基本配色——动感

最鲜艳的色彩组合通常中央都有原色——黄色。黄色代表带给万物生机的太阳，活力和永恒的动感。当黄色加入了白色，光亮的特质就会增加，产生出格外耀眼的全盘效果。

高度对比的配色设计，像黄色和它的补色紫色，就含有活力和行动的意味，尤其是出现在圆形的空间里面，身处在黄色或它的任何一个明色的环境，几乎是不可能会感到沮丧的。

（5）基本配色——丰富

要表现色彩里的浓烈、富足感可借由组合一个有力的色彩和它暗下来的补色。例如，深白兰地酒红色就是在红色中加了黑色，象征财富。白兰地酒红色、深森林绿和金色一起使用也可表现富裕。

这些深色、华丽的色彩用在各式各样的织料上，如皮革和波纹皱丝等，可创造出戏剧性、难以忘怀的效果，这些色彩会给人一种财富和地位的感觉。

（6）基本配色——高雅

高雅的色彩组合只会使用最淡的明色。例如，少许的黄色加上白色会形成粉黄色，这种色彩会给全白的房间带来更温馨的感觉。

在服装设计上，米色色调高雅的亚麻、丝绸、羊毛和丝绒能轻描淡写地表示古典、高贵的气质，给人一种雍容华贵的印象。

（7）基本配色——古典

古典的色彩组合带有势力与权威的意味，强烈的宝蓝色（royal blue）是任何一个古典色彩组合的中间装饰色。它是如此醒目，就算和其他色彩搭配在一起，也毫不逊色。

（8）基本配色——怀旧

任何色彩搭配淡紫色，最能诠释怀旧思古之情。能令人仿佛回到维多利亚时代，如梦似幻的时刻，优美的诗歌和浪漫的乐章。

在紫色系中，淡紫色融合了红和蓝，比起粉色较精致，也较刚硬。淡紫色尽管无声无息，与其他色彩相配后，仍可见其清丽出众，给人以往日如歌、犹在耳际之感。

（9）基本配色——活力

表达活力的色彩必定要包含红紫色。它是"运动"的最佳代言人。红紫色搭配它的补色黄绿色，更能表达精力充沛的气息。

（10）基本配色——可靠

海蓝（navy blue）是最为大众所接受的颜色之一，采用这种颜色的色彩组合可解释成可靠、值得信赖的色彩。

这类组合也带有不可置疑的权威感。警官、海军军官或法官都穿着深色、稳定的海军蓝，以便在值勤时表现出统率、支配的权威感。

当海军蓝用红色和金色来强调时，会变得较不严肃，但仍表达出坚定、有力量的感觉。

（11）基本配色——浪漫

粉红代表着浪漫。粉红色是把数量不一的白色加在红色里面，造成一种明亮的红。像红色一样，粉红色会引起人的兴趣与快感，但以比较柔和、宁静的方式进行。

浪漫色彩设计，使用粉红、淡紫和桃红（略带黄色的粉红色），会令人觉得柔和、典雅。

（12）基本配色——流行

今天"流行"的，明天可能就"落伍"了。流行的配色设计有震撼他人目光的效果。

淡黄绿色（chartreuse）就是一个很好的例子，色彩醒目，适用于青春有活力且不寻常的事物。

（13）基本配色——平静

在任何充满压力的环境里，只要搭配出一些灰蓝或淡蓝的明色色彩组合，就会制造出令人平和、恬静的效果。

中间是淡蓝的配色设计，会给人安心的感觉，它看起来诚实、直接。

（14）基本配色——强烈

最有力的色彩组合是充满刺激的快感和支配的欲念。不管颜色怎么组合，红色绝对是不可或缺的。

红色是最终力量的来源——强烈、大胆、极端。力量的色彩组合象征人类最激烈的感情——爱、恨、情、仇，表现情感的充分发泄。

在广告和展示的时候，有力色彩组合用来传达活力、醒目等强烈的信息，并且总能吸引众人的目光。

（15）基本配色——神奇

紫色透露着诡异的气息，能制造奇幻的效果。各种彩度与亮度的紫色，配上橘色和绿色，便是刺激与新奇的最佳代言人。

如果紫色配上黄绿色或黄橘色，色调不合、怪异，而且俗不可耐，但如果配上它真正的补色——黄色，便能展现怪诞、诡异的感觉，令人不禁要驻足，欣赏一番。

（16）基本配色——堂皇

纯蓝和红色结合在一起，产生蓝紫色，这是色相环上最深的颜色。

和这类色彩搭配，可象征权威，表现出皇家的气派，就像夏日的梅子，由深不可测的蓝黑、蓝紫和它的补色——黄橙搭配起来，就创造出最惊人的色彩设计。

（17）基本配色——土性

深色、鲜明的红橙色称赤土色。人们常用它来组合、设计出鲜艳、温暖、充满活力与土地味的色彩。这种色彩有种淡淡的温暖，就像经过琢磨、润饰的铜器。和白色搭配起来，就会像散发出自然灿烂的光。土性的色彩有年轻人爱笑、爱闹的个性，令人联想到悠闲，舒适的生活。

（18）基本配色——友善

配色设计要想表达友善之意时，常会使用到橙色。这种色彩组合开放、随和，又有一切表现能量和动力的素质，能够创造出平等、有序的气氛，却没有强势和支配的霸气。

橙色和它邻近的几个色彩常应用在快餐厅，因为这类色彩会散发出食物品质好、价钱公道等诱人的信息。橙色有耀眼、活力的特质，所以被选为在危险地区的国际安全色。橙色的救生筏和救生设备（例如救生衣等）可以让人轻易地在蓝色和灰色的大海里发现踪迹。

（19）基本配色——专职

在商业活动中，颜色受到仔细的评估，一般流行的看法是，灰色或黑色系列可以象征"职业"，因为这些颜色较不具个人主义，有中庸之感。

灰色其实是鲜艳的红色或橘色最好的背景色。这些活泼的颜色加上低沉的灰色，可以使原有的热力稍加收敛、含蓄一些。

虽然灰色不具刺激感，却富有实际感。它传达出一种实在、严肃的气息。

五、绿色风格网站配色方案实例讲解

绿色在黄色和蓝色（冷暖）之间，属于较中庸的颜色，这样使得绿色的性格最为平和、安稳、大度、宽容，是一种柔顺、恬静、满足、优美、受欢迎之色，也是网页中使用最为广泛的颜色之一。

绿色与人类息息相关，是永恒的欣欣向荣的自然之色，代表了生命与希望，也充满了青春活力，绿色象征着和平与安全、发展与生机、舒适与安宁、松弛与休息，有缓解眼部疲劳的作用。

它本身具有一定的与自然、健康相关的感觉，所以也经常用于与自然、健康相关的站点。绿色还经常用于一些公司的公关站点或教育站点。

绿色能使人们的心情变得格外明朗。黄绿色代表清新、平静、安逸、和平、柔和、春天、青春、升级的心理感受。

下面根据绿色系不同属性邻近色、同类色的高纯度、低纯度、对比色等色彩搭配做不同的举例分析。

1. 绿色网页例图

绿色网页例图（http://www.bacardimojito.com）如彩图 3 所示。

（1）绿色系分析

从彩图 3 的主色调、辅色调 HSB 模式的数值可看出，这两种颜色只是在明度上有区别，其显示的色相与饱和度是一样的。正绿色是 120°，这两种颜色从 RGB 数值上看，都不同程度地混合了其他少许颜色，因此离正绿色稍有些偏差。

由于绿色本身的特性，所以整个网页看起来很安稳舒适。

辅助色只在明度上降低，让页面多了些层次感、空间感。

白色块面使得绿色的特性发挥到最好的状态并增强了视觉节奏感。

点睛色恰到好处地体现出了"点睛"这一妙笔，极尽诱惑力，整个页面顿时生动提神起来，增强了页面主题的表达力。

（2）结论

主、辅色调是属于同类色绿色系，通过不同明度的变化，能递增缓和变化，同时却也较明显地体现出页面的色彩层次感。如果不是通过数值来分析判断，凭经验判断，容易误认为这两种颜色除了明度外纯度会有所不同，这时候适当地使用数值模式会很容易得到正确的结论。

整个页面配色很少——最大色块的翠绿，第二面积的白色，第三面积的深绿色，但得到的效果却是强烈的、显眼的，达到了充分展现产品主题的目的。

深绿色给人茂盛、健康、成熟、稳重、生命、开阔的心理感受。

2. 绿色高纯度网页例图

绿色高纯度网页例图（http://www.marocfruitboard.com）如彩图 4 所示。

（1）绿色系分析（高纯度配色：绿色＋对比色组合）

HSB 数值 H 显示 60° 为正黄色，该主、辅色调只向绿色倾斜了一些——H 为 75°。大面积明度稍低的黄绿色为主要色调，饱和度却非常高，达到了 100%，辅助色使用了提高明度的嫩绿色和白色，这两种辅色在增加页面层次感的同时，还能让整个页面配色有透亮的感觉，增强了绿色的特性。背景深褐色无疑把前景的所有纯色烘托得比较耀眼。

该页面有两组小小的对比色，一组是黄绿与橙红色，一组是橙黄色与天蓝色，这两组配色严格来说不算对比色，因为色彩多少有些偏差，但把整个页面烘托得非常活跃、鲜明。

（2）结论

主、辅色调黄绿色大面积使用并不刺目，反而使页面看起来很有朝气、活力。

适当运用不同纯度的对比色系组合时，通常能起到的作用是主次关系明确。

3. 同类色浅绿色网页例图

同类色浅绿色网页例图（http://shehouse.we.tv）如彩图 5 所示。

（1）绿色系分析（同类色浅绿色）

主色调绿色属性是明度很高的浅绿色，通常情况下明度高，饱和度就降低，饱和度低，页面色彩度就降低，除非颜色本身有自己的特性，再加上大面积的辅助色白色，整个页面看起来很清淡、柔和、宁静，甚至有温馨的感觉。

页面中使用了渐变的浅绿色，使得整个页面视觉上更加柔和舒适。

尽管点睛色只在主要标志上出现，按钮也只有少许一点，但也给整个页面的色彩带来些亮笔。尤其是红色的 HSB 模式的 H 数值显示颜色接近于正红色，饱和度达到最高值。另一个点睛色黄色，在页面视觉上呈绿色与红色这一组对比色起到缓和视觉的作用，在色轮表上，黄色正是在绿色和红色之间的过渡色。

（2）结论

浅绿色系有优雅、休息、安全、和睦、宁静、柔和的感觉。

渐变的效果更能加深这种印象。但页面配色上浅色过多时，整个页面容易呈现发"灰"的感受，这就需要适量地添加纯度稍高的颜色，例如左下角的辅助色——绿色块，适当的鲜艳的点睛都能很好地解决这一问题。

任务实现

在与 A 客户充分沟通，充分尊重客户的基础上，确定网站的配色方案为：主色为白色，可使整个页面给人以纯洁、简单、洁净的心理感受；字体为黑色，给人以沉着、有沉甸之感；辅色为灰色，灰色是一种中立色，具有中庸、平凡、温和、谦让、中立和高雅的心理感受，也被称为高级灰，是经久不衰、最经看的颜色；点缀色为紫褐色。示例如彩图 6 所示。

该配色方案使页面显得非常整洁，整体给人以简单、洁净、进步之感，点缀色的加入减少了非色调——白色和浅灰色——有可能产生的单调感觉。

技能训练

假如你所在班级要建立一个班级网站，请根据所学的知识为该网站设计一个配色方案。

项目二　认识 Photoshop CS6

知识目标 ///

1. 掌握图像处理技术的基本概念。
2. 认识 Photoshop CS6 工作区。
3. 了解历史记录和动作面板。

能力目标 ///

1. 能够利用所学知识设定个性化的图像处理工作区。
2. 能够合理利用历史记录面板和动作面板进行图像处理。

≡≡≡ 任务　了解 Photoshop CS6 并给图像加水印 ≡≡≡

任务描述 ///

给彩图 7 所示的 4 幅素材加上统一的水印。

理论知识 ///

一、图像处理的基本概念

1. 位图和矢量图

位图也称点阵图（bitmap images），由像素组成。对于 72 像素 /in 的分辨率而言，1 像素 =1/72in，1in=2.54cm。位图图像与分辨率有关，分辨率是单位面积内所包含像素的数目。

矢量图是由数学公式所定义的直线和曲线组成的。矢量图与分辨率无关。

2. 分辨率

在设计中使用的分辨率有很多种，常用的有图像分辨率、显示器分辨率、输出分辨率和位分辨率 4 种。

（1）图像分辨率

图像分辨率指图像中每单位长度所包含像素（即点）的数目，常以像素 / 英寸（pixel per inch，ppi）为单位。

图像分辨率越高，图像越清晰。但过高的分辨率会使图像文件过大，对设备要求也会越高，因此在设置分辨率时，应考虑所制作图像的用途。Photoshop默认的图像分辨率是72ppi，满足普通显示器的分辨率。

下面是几种常用的图像分辨率：
· 发布于网页上的图像分辨率是72ppi或96ppi。
· 报纸图像分辨率通常设置为120ppi或150ppi。
· 打印的图像分辨率为150ppi。
· 彩版印刷图像分辨率通常设置为300ppi。
· 大型灯箱图像分辨率一般不低于30ppi。

（2）显示器分辨率

显示器分辨率指显示器中每单位长度显示的像素（即点）的数目，通常以dpi（dot per inch）表示。常用的显示器分辨率有1024×768（长度上分布了1024个像素，宽度上分布了768个像素）、800×600、640×480。

 正确理解显示器分辨率的概念，有助于大家理解屏幕上图像的显示大小经常与其打印尺寸不同的原因。

在Photoshop中，图像像素直接转换为显示器像素，当图像分辨率高于显示器分辨率时，图像在屏幕上的显示比实际尺寸大。

例如，当一幅分辨率为72ppi的图像在72dpi的显示器上显示时，其显示范围是1in×1in；而当图像分辨率为216ppi时，图像在72dpi的显示器上的显示范围为3in×3in。因为屏幕只能显示72ppi，即它需要3in才能显示216ppi的图像。

（3）输出分辨率

输出分辨率指照排机或激光打印机等输出设备在输出图像时每英寸所产生的油墨点数，通常使用的单位也是dpi。PC显示器的典型分辨率为96dpi，Mac显示器的典型分辨率为72dpi。

 为了获得最佳效果，应使用与照排机或激光打印机输出分辨率成正比的图像分辨率。

大多数激光打印机的输出分辨率为300～600dpi，当图像分辨率为72ppi时，其打印效果较好；高档照排机能够以1200dpi或更高精度打印，对150～350dpi的图像产生的效果较佳。

（4）位分辨率

位分辨率又称位深，是用来衡量每个像素所保存颜色信息的位元数。例如，一个24位的RGB图像，表示其各原色R、G、B均使用8位，三元之和为24位。在RGB图像中，每一个像素均记录R、G、B三原色值，因此每一个像素所保存的位元数为24位。

3. 色彩模式

（1）位图模式

位图模式（bitmap）的图像又称黑白图像，是用两种颜色值（黑白）来表示图像中的像素。其每一个像素都是用 1 位的位分辨率来记录色彩信息的，因此，所要求的磁盘空间最少。图像在转换为位图模式之前必须先转换为灰度模式，它是一种单通道模式。

（2）灰度模式

灰度模式图像的每一个像素都是用 8 位的位分辨率来记录色彩信息的，因此可产生 256 级灰阶。灰度模式的图像只有明暗值，没有色相和饱和度这两种颜色信息。其中，0% 为黑色，100% 为白色。使用黑白和灰度扫描仪产生的图像常以灰度模式显示，灰度模式是一种单通道模式。

（3）RGB 模式

RGB 模式主要用于视频等发光设备，如显示器、投影设备、电视和舞台灯等。该模式包括三原色——红（R）、绿（G）、蓝（B），每种色彩都有 256 种颜色，每种色彩的取值范围是 0 ～ 255，这 3 种颜色混合可产生 16777216 种颜色。RGB 模式是一种加色模式（理论上），因为当 R、G、B 均为 255 时，为白色；均为 0 时，为黑色；均为相等数值时，为灰色。换句话说，可把 R、G、B 理解成 3 盏灯光，当这 3 盏灯都打开，且为最大数值 255 时，即可产生白色；当这 3 盏灯全部关闭，即为黑色。在该模式下，所有的滤镜均可用。

（4）CMYK 模式

CMYK 模式是一种印刷模式。该种模式包括四原色——青（C）、品红（M）、黄（Y）、黑（K），每种颜色的取值范围为 0 ～ 100%。CMYK 是一种减色模式（理论上），人类的眼睛根据减色的色彩模式来辨别色彩的。太阳光包括地球上所有的可见光，当太阳光照射到物体上时，物体吸收（减去）一些光，并把剩余的光反射回去，人类看到的就是这些反射的色彩。例如，高原上的太阳紫外线很强，为了避免被烧伤，花以浅色和白色居多，如果是白色的花，则表示没有吸收任何颜色；再如，自然界中黑色的花很少，因为花是黑色意味着它要吸收所有的光，而对于花来说可能会被烧伤。在 CMYK 模式下有些滤镜不可用，而在位图模式和索引颜色模式下所有滤镜均不可用。

（5）Lab 模式

Lab 模式是一种国际标准色彩模式（理想化模式），与设备无关，其色域范围最广。该模式有 3 个通道：L 代表亮度，取值范围为 0 ～ 100；a、b 代表色彩通道，取值范围为 –128 ～ +127。其中，a 代表从绿到红，b 代表从蓝到黄。Lab 模式在 Photoshop 中很少使用，其实它一直充当着中介的角色。例如，计算机在将 RGB 模式转换为 CMYK 模式时，实际上是先将 RGB 模式转换为 Lab 模式，然后将 Lab 模式转换为 CMYK 模式。

4. 常用文件存储格式

（1）PSD 格式

Photoshop 软件自身的格式。该格式可以存储 Photoshop 中所有的图层、通道和剪切路径等信息。

（2）BMP 格式

DOS 和 Windows 平台上常用的一种图像格式。它支持 RGB、索引颜色、灰度和位图模式，但不支持 Alpha 通道，也不支持 CMYK 模式的图像。

（3）TIFF 格式

一种无损压缩（采用的是 LZW 压缩）的格式。它支持 RGB、CMYK、Lab、索引颜色、位图和灰度模式，而且在 RGB、CMYK 和灰度 3 种颜色模式中还允许使用通道（Channel）、图层和剪切路径。

（4）JPEG 格式

一种有损压缩的网页格式。不支持 Alpha 通道，也不支持透明。当文件存为此格式时，会弹出对话框，在 Quality 中设置的数值越高，图像品质越好，文件也越大。该格式也支持 24 位真彩色的图像，因此适用于色彩丰富的图像。

（5）GIF 格式

一种无损压缩（采用的是 LZW 压缩）的网页格式。支持 256 色（8 位图像）， 支持一个 Alpha 通道，支持透明和动画格式。目前，GIF 存在两类：GIF87a（严格不支持透明像素）和 GIF89a（允许某些像素透明）。

（6）PNG 格式

Netscape 公司开发的一种无损压缩的网页格式。PNG 格式将 GIF 和 JPEG 格式最好的特征结合起来，它支持 24 位真彩色，无损压缩，支持透明和 Alpha 通道。PNG 格式不完全支持所有浏览器，所以在网页中的使用要比 GIF 和 JPEG 格式的使用少得多。但随着网络的发展和因特网传输速率的改善，PNG 格式将是未来网页中使用的一种标准图像格式。

（7）PDF 格式

可跨平台操作，可在 Windows、Mac OS、UNIX 和 DOS 环境下浏览（用 Acrobat Reader）。它支持 Photoshop 格式支持的所有颜色模式和功能，支持 JPEG 和 Zip 压缩（但使用 CCITT Group 4 压缩的位图模式的图像除外），支持透明，但不支持 Alpha 通道。

（8）Targa 格式

专门用于使用 Truevision 视频卡的系统，而且通常受 MS-DOS 颜色应用程序的支持。Targa 格式支持 24 位 RGB 图像（8 位 ×3 个颜色通道）和 32 位 RGB 图像（8 位 ×3 个颜色通道，外加一个 8 位 Alpha 通道）。Targa 格式也支持无 Alpha 通道的索引颜色和灰度图像。当以该格式存储 RGB 图像时，可选择像素深度。

二、Photoshop CS6 工作区（或工作界面）

1. 认识工作区
启动软件后，就进入了 Photoshop CS6 的工作区，也称为工作界面，如图 2-1 所示。

（1）菜单栏

Photoshop CS6 有 10 个主菜单："文件"、"编辑"、"图像"、"图层"、"文字"、"选择"、"滤镜"、"视图"、"窗口"和"帮助"。每个菜单内都包含着一系列的操作命令。

1）打开菜单。点击一个菜单，就可以打开该菜单。在菜单中，不同功能的命令之间使用分隔线隔开。有些命令的后面有右指向的黑色三角形箭头 ▶，表示该命令还包含着下拉菜单。当光标在该命令上稍停片刻后，便会出现一个子菜单。

2）执行菜单中的命令。如执行"选择"—"全部" ，点击该菜单中"全部"命令即可执行该命令。"Ctrl+A"为快捷键，可以快速执行该命令，不论何时，不需要点击"选择"菜单，只需按下 Ctrl+A 快捷键，即可点执行"选择"—"全部"命令。

图 2-1　Photoshop CS6 工作区

3）在主菜单和命令的后面都会提供相应的字母。例如"选择（S）"菜单，"全部（A）"命令等。如果要通过快捷方式执行命令，可以按下 Alt 键 + 主菜单的字母，打开主菜单，然后再按下命令后面的字母，即可执行该命令。例如按下 Alt+S+A 键，即可执行"选择"菜单的"全部"命令。

按下 Alt 键 + 主菜单的字母，打开主菜单，然后松开 Alt 键，可进行下面的操作：

①按下命令后面的字母，立即执行命令。

②不同的命令中有重复的字母，按下命令后面的字母，在不同的命令之间进行选择，再按下回车键即可执行该命令。

③命令后面没有字母，此刻按键盘上的上下方向（↑↓）键，选择该命令，然后按下回车键即可执行该命令。

④命令后面还有子菜单，按上下方向键或字母选择该命令，按下方向（→）键打开子菜单。在选择菜单命令的过程中，如果再次单独按下 Alt 键，则可以关闭该菜单。

4）在菜单栏中，有些命令被选择后，在命令左侧会出现对号（√）标记 ✔ 标尺(R)，表示此命令为当前正在执行的命令。

例如，点击了"视图"菜单下面的"标尺"命令，则在该命令的前面加上对号（√）标记的同时，也执行了该命令。

提示　如果菜单中的某些命令显示为灰色，表示它们在当前状态下不能使用。另外，如果某个命令的名称右侧有"…"形状的符号，表示执行该命令时会弹出一个对话框。

5）打开快捷菜单。在文档窗口的空白处、在一个对象上或面板上单击鼠标右键，可以打开快捷菜单。

6）自定义彩色菜单命令。需要经常用到某些菜单命令，可以将其定义为彩色，以便在需要时能够快速找到。

①执行"编辑"—"菜单…"命令，如图 2-2 所示。

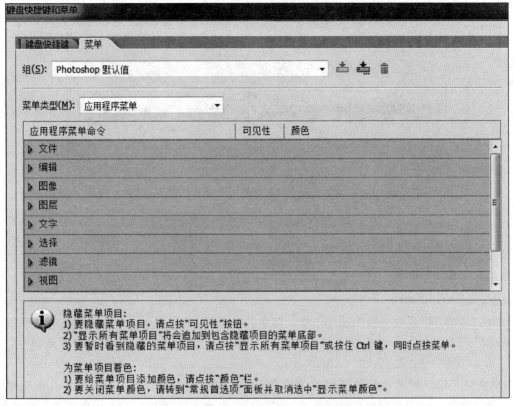

图 2-2　"键盘快捷键和菜单"对话框

a. 组：指定要基于当前菜单组创建的组。如果要根据当前菜单组创建一个新组，可以点击 按钮；如果要存储对当前菜单组所做的所有更改，可以单击右边的 按钮，将其保存。

b. 菜单类型：指定要修改的菜单类型。包括应用程序菜单和面板菜单。

c. 应用程序菜单命令：显示相关的菜单命令，单击菜单命令左侧的三角箭头 ，可以展开菜单或折叠菜单。

d. 可见性：点击可见性按钮 ，可以将图标中的眼睛隐藏，变成按钮 ，即可将该菜单项隐藏。再次点击按钮 ，会将眼睛显示，即可将隐藏的菜单项显示。

e. 颜色：指定菜单项显示的颜色。点击颜色栏，从下拉菜单中选择一种颜色即可。如果不想使用颜色效果，请选择"无"。

②在"菜单类型"的下拉列表中选择"应用程序菜单"命令，然后单击"文件"左侧的三角箭头 ，展开该菜单。在"在 Bridge 中浏览…"右边的"颜色"栏下面单击，弹出一个下拉列表，选择一种颜色，例如选择"紫色"，如图 2-3 所示。

③点击"确定"按钮关闭对话框。打开"文件"菜单，"在 Bridge 中浏览"命令的背景已经显示为紫色，如图 2-4 所示。

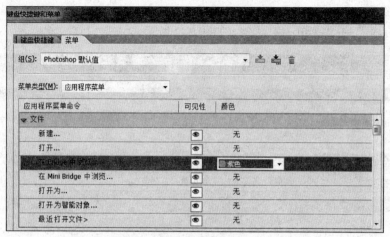

图 2-3　"键盘快捷键和菜单"中为命令项设定颜色

图 2-4　菜单项设定颜色效果

在"键盘快捷键和菜单"对话框中，也可以从"菜单类型"下拉列表中选择"面板菜单"，对面板菜单设置颜色，方法与"应用程序菜单"的设置相同。

7）恢复为默认的菜单颜色。修改菜单背景颜色以后，如果要恢复为系统默认的菜单背景颜色，在"键盘快捷键和菜单"对话框的"组"下拉列表中选择"Photoshop 默认值"命令即可。

8）显示与隐藏菜单颜色。设置完菜单颜色，如果看不到菜单上的颜色，在"首选项"对话框中，选择"界面"项，在"选项"框中选择"显示菜单颜色"即可。

9）Photoshop CS6 自定义菜单命令快捷键。执行"编辑"—"键盘快捷键…"命令，可打开"键盘快捷键和菜单"对话框，如图 2-5 所示。

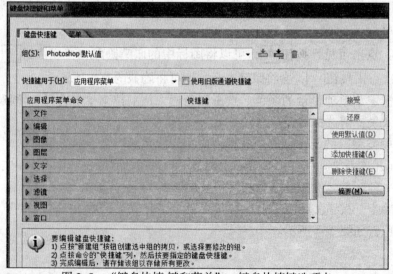

图 2-5　"键盘快捷键和菜单"—键盘快捷键选项卡

a. 组：指定要基于当前快捷键组创建的组。根据当前的快捷键组创建一组新的快捷键，可以点击 ![icon]按钮；要存储对当前快捷键组所做的所有更改，可以点击 ![icon]按钮，将其保存。

b. 快捷键用于：指定快捷键应用的位置。包括应用程序菜单、面板菜单和工具等 3 个选项。选择"应用程序菜单"允许为菜单栏中的项目自定义键盘快捷键；选择"面板菜单"允许为面板菜单中的项目自定义键盘快捷键；选择"工具"允许为工具箱中的工具自定义键盘快捷键。

c. 应用程序菜单命令：显示相关的菜单命令，单击菜单命令左侧的三角箭头 ![icon]，可以展开菜单或折叠菜单。

d. 快捷键：在"快捷键"列中单击，指定需要的快捷键即可。

e. 接受：如果新设置的快捷键已经存在，系统将出现一个警告提示，此时点击"接受"按钮，将快捷键分配给新的菜单命令或工具，并删除以前分配的快捷键。如果需要还原上次的更改，请点击"还原"按钮。

f. 还原：要将某个项目的快捷键恢复为默认的效果，请点击"还原"按钮。

g. 使用默认值：如果对默认带有快捷键的项目重新设置了快捷键，现在想将其恢复为默认，请点击"使用默认值"按钮。

h. 添加快捷键：设置完快捷键后，点击"添加快捷键"按钮，即可为新项目创建快捷键。

i. 删除快捷键：如果想删除某个快捷键，请点击"删除快捷键"按钮。

j. 摘要：如果要导出所显示的一组快捷键，请点击"摘要"按钮，此时将打开"存储"对话框，点击"保存"按钮，即可将当前设置的快捷键以 HTML 的形式导出。

（2）工具箱

Photoshop CS6 工具箱一般位于窗口的左侧，根据习惯也可以拖动到其他位置。

1）工具箱的显示和隐藏。执行"窗口"—"工具"命令，可将工具箱进行显示或隐藏。

2）工具箱的单双排显示。工具箱默认为单排显示，单击工具箱顶部的双箭头 ![icon]，可以将单排工具箱切换为双排显示。单击 ![icon]，可以将双排工具箱切换为单排显示。

（3）工具选项栏

工具选项栏默认位于菜单栏的下方，用于设置工具的属性，随着所选工具的不同而变换属性内容。

1）复位工具选项栏中参数。在工具选项栏左侧的工具图标处单击鼠标右键，弹出 ![复位工具 复位所有工具]，在弹出的快捷菜单中选择"复位工具"命令，即可将当前工具选项栏中的参数恢复为默认值。如果想将所有工具选项栏的参数恢复为默认值，选择"复位所有工具"即可。

2）隐藏与显示工具选项栏。执行"窗口"—"选项"命令，可进行隐藏或显示工具选项栏。

3）移动工具选项栏。单击并拖动工具选项栏最左侧的图标 ![icon]，可进行工具栏的移动。

4）工具预设。在工具选项栏中，单击工具图标右侧的 ![icon]按钮，可以打开一个下拉面板，面板中包含了各种工具预设。

（4）控制面板

默认情况下，面板是以面板组的形式出现的，位于 Photoshop CS6 工作界面的右侧，主要用于对当前图像的颜色、色板、调整、样式、图层、通道以及路径等进行操作或设置。

1）打开面板。选择"窗口"菜单，如图 2-6 所示。

在下拉菜单中可以看到，如果某个面板已经打开了，则会在前面打上对号（√）标记。

点击某个面板命令，则会在该命令左侧打上对号标记的同时，打开该面板。如果要关闭该面板，再点击一次该命令，则会在取消对号标记的同时，关闭该面板。

2）选择面板。在多个面板组中，如果想查看某个面板的内容，可以直接点击该面板的选项卡名称，如图 2-7 所示。可将该面板设置为当前面板，同时会显示该面板的内容，如图 2-8 所示。

3）移动面板。将光标放在面板的名称上，单击并向外拖动到窗口的空白处，如图 2-9 所示。

图 2-6 "窗口"菜单中的面板项

图 2-7 点击"色板"面板的名称

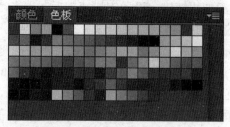

图 2-8 "色板"成为当前面板

图 2-9 移动"颜色"面板

释放鼠标，即可将其从面板组、或链接的面板组中分离出来，成为浮动面板。拖动浮动面板的名称，可以将它放在窗口中的任意位置；要移动某个单独的面板，可以拖动该面板顶部的标题栏或选项卡位置；要移动面板组或堆叠的浮动面板，需要拖动该面板组或堆叠面板的标题栏。

4）组合面板。方法：在一个面板的选项卡名称上按住鼠标左键，将其拖动到另一个浮动面板的标题栏上，当另一个面板周围出现蓝色的方框时，松开鼠标左键即可将面板组合在一起。

5）折叠或展开面板组。点击面板组右上角的三角形按钮◀◀或按钮▶▶，可进行面板组的折叠或展开。

6）关闭面板。在面板的标题栏上单击鼠标右键，在弹出快捷菜单中选择 "关闭"命令，可以关闭该面板；选择"关闭选项卡组"命令，可以关闭该面板组。对于浮动面板，点击右上角的▣按钮可以将其关闭。

（5）状态栏

状态栏位于 Photoshop CS6 文档窗口底部 `100%` `文档:550.0K/1.07M`。

1）点击缩放比例文本框，输入要缩放的数值，然后按 Enter 键，即可缩放当前文档。

2）在状态栏上按下鼠标左键不放，可以显示图像的宽度、高度、通道和分辨率等信息，如图 2-10 所示。

3）按住 Ctrl 键不放，再按下鼠标左键不放，可以显示图像的拼贴宽度等信息，如图 2-11 所示。

4）点击状态栏中的三角形▶按钮，将会弹出一个快捷菜单，如图 2-12 所示。

图 2-10 图像信息

图 2-11 图像拼贴宽度等信息

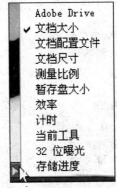

图 2-12 点击状态栏的三角按钮弹出的快捷菜单

　　a.Adobe Drive：显示 Adobe Drive 工作组状态。Adobe Drive 可以集中管理共享的项目文件、使用直观的版本控制系统与他人齐头并进、使用注释跟踪文件状态、使用 Adobe Bridge 可视查找文件、搜索 XMP 元数据和托管 Adobe PDF 审阅。

　　b. 文档大小：显示当前图像文件的大小。左侧的数字表示合并图层后的文件大小，右侧数据表示未合并图层时的文件大小。

　　c. 文档配置文件：显示当前图像文件的特征信息，例如图像模式等。

　　d. 文档尺寸：表示当前图像文件的尺寸，具体用长 × 宽表示。

　　e. 测量比例：显示使用测量时所用的比例。

　　f. 暂存盘大小：显示有关用于处理图像的 RAM 量和暂存盘的信息。左边的数字表示在显示所有打开的图像时程序所占用的内存，右侧数据表示系统的可用内存数。如果左边的数字大于右边的数字，Photoshop 将启用暂存盘作为虚拟内存。

　　g. 效率：以百分数表示图像的可用内存大小。显示执行操作实际所花费时间的百分比，而非读写暂存盘所花时间的百分比。当效率为 100% 时，表示当前处理的图像在内存中生成；如果该值低于 100%，则表示 Photoshop 正在使用暂存盘，因此操作速度也会变慢。

　　h. 计时：显示完成上一次操作所使用的时间。

　　i. 当前工具：显示当前正在使用的工具名称。

　　j. 32 位曝光：用于调整预览图像，以便在计算机显示器上查看 32 位 / 通道高动态范围（HDR）图像的选项。只有当文档窗口显示 HDR 图像时，该选项才可用。

　　k. 存储进度：自动存储的进度。

2. 工作区操作

（1）切换工作区

执行"窗口"—"工作区"，在弹出的子菜单中可以快速切换不同的工作区，如图2-13所示。Photoshop CS6有两种类型的工作区：基本工作区和CS6新增功能工作区。

1）基本工作区。基本工作区包括基本功能（默认）、绘画、摄影和排版规则等工作区。

"基本功能（默认）"工作区是最基本的、没有进行特别设计的工作区，而选择其他工作区则会显示与此工作区有关的面板。

2）CS6新增功能工作区。"CS6新增功能"工作区，在菜单命令中会将CS6新增加的功能用区别于别的命令的样式显示出来，如图2-14中的"段落样式"等。

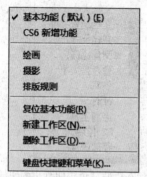

图2-13　"工作区"子菜单

图2-14　CS6新增加的功能显示效果

（2）快速复位工作区

在使用工作区时，如果进行了工作区的修改，想快速恢复当前工作区，那么使用复位工作区命令即可。

不过，复位工作区命令会根据当前工作区的不同而有所变化。例如：当前工作区如果是"CS6新增功能"工作区，复位工作区命令则是"复位CS6新增功能"；当前工作区如果是"摄影"工作区，复位工作区命令则是"复位摄影"。

（3）创建自己的工作区

可以根据需要，定制属于自己工作习惯的工作区。

1）选择"窗口"菜单，将需要的面板打开，将不需要的面板关闭，并将打开的工具和面板进行分类、组合、拆分、停靠或堆叠。

2）执行"窗口"—"工作区"—"新建工作区"，弹出对话框，如图2-15所示。

图2-15　"新建工作区"对话框

a. 名称：输入新建工作区的名称。

b. 键盘快捷键：选择该项，将保存当前的键盘快捷键。

c. 菜单：选择该项，将存储当前的菜单组。

3）设置完成后，单击"存储"按钮，即可将当前的工作区进行保存。保存后的工作区将显示在"窗口—工作区"的子菜单中。

（4）删除工作区

1）执行"窗口"—"工作区"—"删除工作区…"命令，打开"删除工作区"对话框，如图 2-16 所示。

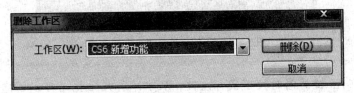

图 2-16 "删除工作区"对话框

2）从"工作区"下拉列表中选择要删除的工作区名称。

注：不能删除当前正在打开的工作区。

3. 清理内存

在处理图像时，Photoshop 需要保存大量的中间数据，这种情况会造成计算机的速度变慢。

执行"编辑"—"清理"命令，弹出子菜单，如图 2-17 所示。

点击"还原"、"剪贴板"、"历史记录"、"全部"以及"视频高速缓存"等命令，可释放所占用的内存，加快系统的处理速度。

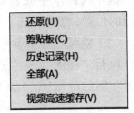

图 2-17 "清理"命令子菜单

在处理较大的文档时，如果内存不够，Photoshop 就会使用硬盘来扩展内存，这是一种虚拟内存技术，也称为暂存盘。暂存盘与内存的总容量至少为运行文件的 5 倍，Photoshop 才能流畅运行。

在文档窗口底部的状态栏中，"暂存盘"大小显示了 Photoshop 可用内存的大概值（左侧数值），以及当前所有打开的文件与剪贴板、快照等占用的内存的大小（右侧数值）。如果左侧数值大于右侧数值，则表示 Photoshop 正在使用虚拟内存。

此外，在状态栏中显示"效率"，观察该值，如果接近 100%，则表示仅使用少量暂存盘；如果低于 75%，则需要释放内存，或者添加新的内存来提高性能。

4. 参考线

参考线是精确绘图时用来作为参考的线，它显示在文档画面中，用于方便地对齐图像。参考线不参与打印，起一种辅助作用。

（1）创建参考线

1）执行"视图"—"标尺"，打开标尺。

2）将鼠标光标移动到水平标尺上面，按下鼠标左键向下拖动，即可创建一条水平参考线；将鼠标光标移动到垂直标尺上面，按下鼠标左键向右拖动，即可创建一条垂直参考线，如图 2-18 所示。

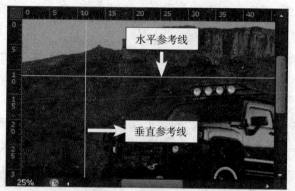

图 2-18　水平参考线和垂直参考线

> **提示**　按住 Alt 键的同时按下鼠标左键，从水平标尺上拖动可以创建垂直参考线，从垂直标尺上拖动可以创建水平参考线。

3）精确创建参考线。执行"视图"—"新建参考线"命令，打开"新建参考线"对话框，如图 2-19 所示。在"取向"框中选择水平或者垂直，在"位置"文本框中输入参考线的位置，然后点击"确定"按钮，即可精确创建参考线。

（2）隐藏和显示参考线

执行"视图"—"显示"—"参考线"命令，即可将命令左侧的对号（√）加上或去掉，同时显示或隐藏参考线。

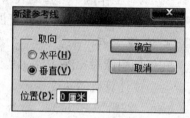

图 2-19　"新建参考线"对话框

> **提示**　如果没有创建过参考线，参考线命令将会变为灰色的不可用状态。

（3）移动参考线

点击工具箱中的移动工具。将光标移动到水平参考线上或者将光标移动到垂直参考线上，按下鼠标左键进行拖动，即可移动参考线的位置。

> **提示**　按住 Shift 键，然后再移动参考线，可以使参考线与标尺上的刻度对齐。

（4）删除参考线

1）删除某一条参考线。可以将鼠标光标移动到该参考线上，按下鼠标左键拖动该参考线到文档窗口的外面，即可删除该参考线。

2）删除所有的参考线。可以选择"视图"菜单，在下拉列表中点击"清除参考线"命令，即可删除全部参考线。

（5）开启和关闭对齐参考线

执行"视图"—"对齐到"命令，弹出子菜单，如图 2-20 所示。

图 2-20　"视图"—"对齐到"子菜单

在子菜单中点击"参考线"命令，即可在命令的左侧打上对号，表示开启了对齐参考线命令。在文档中绘制选区、路径、裁切框、切片或者移动图形时，都将对齐参考线。

去掉"参考线"前的"√"，即可关闭对齐参考线。

同理地，执行"视图"—"锁定参考线"命令，可以对参考线进行锁定和解锁。

（6）参考线的设置

执行"编辑"—"首选项"—"参考线、网格和切片"命令，即可打开"首选项"对话框。在"参考线"选项组中，可以重新设置参考线的颜色和样式。

5. 首选项设置

执行"编辑"—"首选项"，弹出下一级子菜单，点击任一项，可以弹出如图 2-21 所示的"首选项"对话框，通过此项，可以将 Photoshop 设置成最舒服和顺手的状态，提高图片处理效率。

下面简单介绍部分 Photoshop 首选项（图 2-21）的设置，其他的设置选项用户可以自己动手实践。

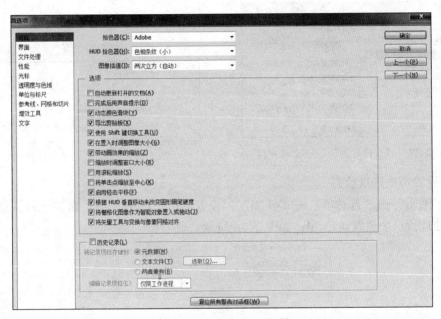

图 2-21 "首选项"对话框

（1）内存设置

通过"首选项"对话框的"性能"（图 2-22），对内存进行设置。处理图片需要比较大的内存才能保证速度，需要确保 Photoshop 有足够的内存来保存大量数据，具体数值可以根据内存容量而定。

（2）设置绘画光标

可以通过"光标"选择喜欢的光标样式如图 2-23 所示。

（3）设置文件保存位置

Photoshop 允许设置将文件"另存为"时默认存储到原始文件夹还是上一次保存的文件夹。在"文件处理"设置中可以勾选或取消"存储至原始文件夹"如图 2-24 所示。

（4）记录操作历史

为了在进行一个大项目时可以回到以前操作的某一步，可以开启"常规"设置中的"历史记录"功能（图2-25）。如可选择将历史记录保存为文本文件，并选择"详细"，这样Photoshop会尽可能地将所有做过的操作都记录下来。第一次选择文本文件时需要选择文件保存的位置和名称。

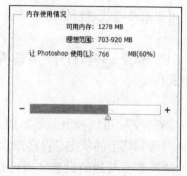

图2-22　"性能"项中关于内存设置

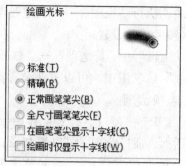

图2-23　"光标"项中光标设置

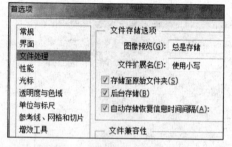

图2-24　"文件处理"项—文件存储

图2-25　"历史记录"存储项

（5）设置历史记录状态

选择"编辑"—"首选项"—"性能"，设置"历史记录状态"确保随时恢复已经对照片做过的处理，这个值默认是20，如图2-26所示。

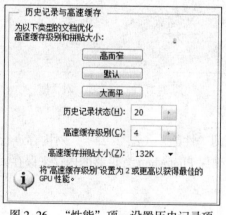

图2-26　"性能"项—设置历史记录项

6. 排列文档窗口

如果打开了多个图像文件，会以默认的选项卡方式显示图像，也可以执行"窗口"—"排列"，在弹出的子菜单（图2-27）中选择一项。

（1）排列多个文档

打开多个图像文件以后，可以点击菜单中的排列命令：全部垂直拼贴、全部水平拼贴、

双联水平、双联垂直、三联水平、三联垂直、三联堆积、四
联或六联等，对图像进行排列。

（2）将所有内容合并到选项卡中

点击"将所有内容合并到选项卡中"命令，可以让所有
内容合并到选项卡中，并全屏显示其中的一个图像，将其他
图像隐藏在选项卡中。

（3）层叠

点击"层叠"命令，是从屏幕的左上角到右下角以堆叠
和层叠方式显示未停靠的窗口。只有浮动式窗口才能使用"层
叠"命令。

（4）平铺

点击"平铺"命令，会以边靠边的方式显示窗口。关闭
一个图像时，其他窗口会自动调整大小，以填满可用的空间。

（5）在窗口中浮动

点击"在窗口中浮动"命令，可以将当前窗口自由浮动。
可以拖动浮动窗口的标题栏改变该窗口的位置。

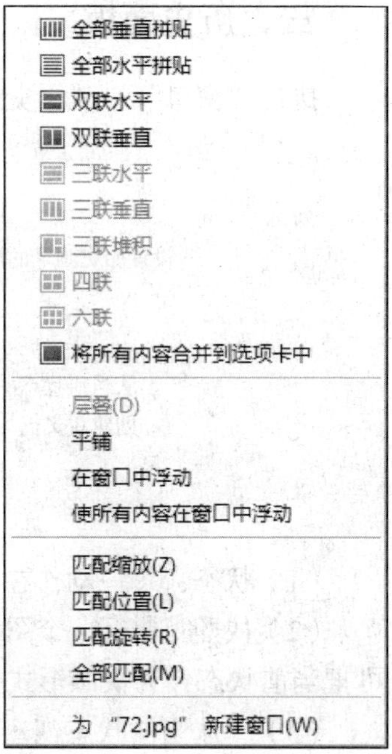

图 2-27　"排列"子菜单

（6）使所有内容在窗口中浮动

点击"使所有内容在窗口中浮动"命令，可以将所有文档窗口变为浮动窗口。

（7）匹配缩放

点击"匹配缩放"命令，可以将所有窗口都匹配到与当前窗口相同的缩放比例。例如，
如果当前窗口的缩放比例为 100%，另外一个窗口的缩放比例为 50%，则执行该命令后，该窗
口的显示比例也会调整为 100%。

（8）匹配位置

点击"匹配位置"命令，可以将所有窗口中图像的显示位置都匹配到与当前窗口相同。例如，
当前窗口中的图像位置显示为偏右侧，执行该命令后，其他窗口中图像的位置也将显示偏右侧。

（9）匹配旋转

点击"匹配旋转"命令，可以将所有窗口中画布的旋转角度都匹配到与当前窗口相同。

提示　首先应该使用"工具箱"内的"旋转视图工具"把当前图片旋转，然后才能
使用"匹配旋转"命令让所有的图片匹配到当前角度。而"旋转视图工具"
只适用于已启用 OpenGL 的文档窗口。

（10）全部匹配

点击"全部匹配"命令，可以将所有窗口中的缩放比例、图像显示位置、画布旋转角度
与当前窗口匹配。

（11）为（文件名）新建窗口

执行该命令，可以为当前文档创建一个新的文档窗口，它与复制窗口不同，新建的文档
窗口与原文档在名称和其他方面完全相同。新窗口的名称同样显示在"窗口"菜单的底部。

三、历史面板

执行"窗口"—"历史记录"，打开历史记录面板，如图 2-28 所示。

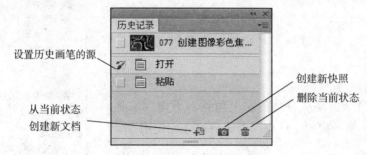

图 2-28   "历史记录"面板

（1）状态：每一动作在"历史记录"面板上占有一格，称为状态。

（2）快照：打开一个图像文档时，Photoshop 默认设置一个快照。"创建新快照"按钮，可把当前状态作为快照形式保存下来。

（3）"从当前状态创建新文档"按钮，可生成一个新文档，此文档的历史记录由当前的状态开始。

（4）"设置历史画笔的源"后，用历史记录画笔在图像中要恢复的区域进行绘制，即会将此处的图像恢复到历史记录面板中指定的状态。

（5）举例：要求为图像中的嘴唇颜色加色。

1）打开如图 2-29 所示的图像。

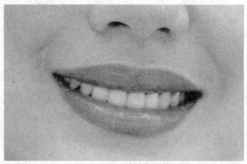

图 2-29   素材图像

2）执行"图像"—"调整"—"色相/饱和度…"，设置如图 2-30 所示。

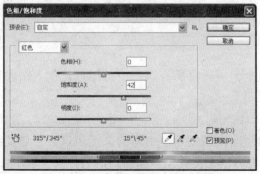

图 2-30   "色相/饱和度"对话框

3）点击"创建新快照"，并把"快照1"设定为"设置历史画笔的源"，此时历史记录面板如图2-31所示。

4）选择"打开"状态，使之作为当前状态。在工具箱中选择"历史记录画笔工具"，在人物嘴唇处反复涂抹，此过程中，可不断调整"历史记录画笔工具"的不透明度和流量的数值，以达到与边界充分融合的效果。

图2-31 "历史记录"建立快照后面板

四、动作面板

动作就是一系列命令的组合，实现对图像的批量处理。

执行"窗口"—"动作"，打开动作面板，如图2-32所示。

（1）动作面板下方有6个按钮，从左到右分别为：停止播放/记录、开始记录、播放、创建新组、创建新动作、删除。

（2）序列、动作、命令。左侧的小三角为▽时表示已展开，小三角为▷时表示未被展开。序列被展开后显示动作，动作被展开后显示命令，而命令被展开后显示记录的参数值，形成一种树形层次关系。

（3）对勾号与方框。位于动作面板左侧。未标对勾号表示命令集中有些命令未被选中，即在播放动作时不被执行；对勾号右边的方框有标记表示在执行该命令时将会弹出参数设定对话框，没有标记表示执行时该命令中的参数设置对话框不弹出，而使用默认参数值。

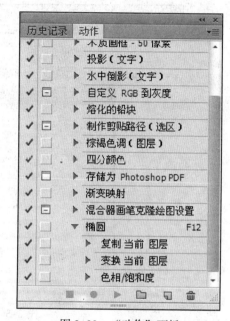

图2-32 "动作"面板

（4）动作菜单。单击动作面板右上角的三角形图标可弹出动作菜单，通过该菜单可对动作进行载入、新建或删除等操作，大部分操作都能通过面板按钮执行。

（5）下面用一个实例说明动作的创建和应用。

1）新建一个宽15cm、高15cm的RGB格式的图像，背景为白色，分辨率为72ppi。

2）新建图层1，绘制一椭圆选区，执行"编辑"—"描边"，弹出"描边"对话框，设置参数如图2-33所示。

3）单击动作面板的"创建新动作"按钮，弹出"新建动作对话框"，设置如图2-34所示。

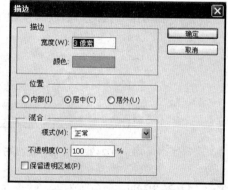

图2-33 "描边"对话框

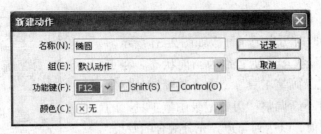

图 2-34　"新建动作"对话框

4）复制图层 1，按下 Ctrl+T 键弹出如图 2-35 所示的"自由变换工具"选项栏，设置旋转角度为 5°。

图 2-35　"自由变换工具"选项栏

5）执行"图像"—"调整"—"色相 / 饱和度"菜单命令，设置参数如图 2-36 所示。

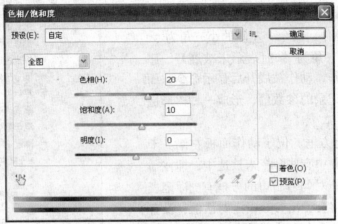

图 2-36　"色相 / 饱和度"选项框

6）单击动作面板的"停止播放 / 记录"按钮■，动作录制完成，动作面板如图 2-37 所示。

7）单击动作面板的"播放"按钮▶或按 F12 键进行操作，得到如图 2-38 所示的效果。

图 2-37　"动作"面板结果图

图 2-38　最终效果图

任务实现

（1）打开彩图 7 中一幅素材，单击动作面板下的"创建新动作"按钮，如图 2-39 所示。

（2）选择工具箱中的文字工具，分别输入文字"图像处理技术"和"—photoshop cs6"，建立两个文字图层，并对之执行"图层"—"栅格化"—"文字"，图层面板如图 2-40 所示。

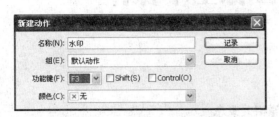

图 2-39 "创建新动作"对话框　　　　图 2-40 "图层"面板图

（3）对文字图层分别执行"编辑"—"描边"，弹出描边对话框（图 2-41），其中的设置参数可根据喜好设定。

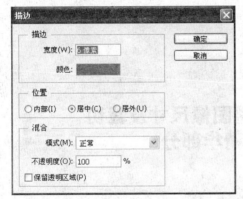

图 2-41 "描边"对话框　　　　图 2-42 "动作"面板图

（4）水印设计完成后，点击动作面板下的"停止播放/记录"按钮。动作面板如图 2-42 所示。

（5）依次打开其他素材，播放"水印"动作或"F3"，进行水印的批量处理，如彩图 8 所示。

技能训练

利用动作、自由变换与色相/饱和度功能制作如图 2-43 所示的效果图。

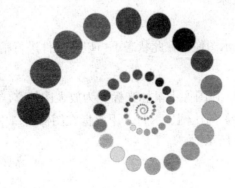

图 2-43 技能训练效果图

项目三　图像基本操作

知识目标

1. 理解图像分辨率及图像大小尺寸等相关概念。
2. 了解透视效果相关概念。

能力目标

1. 能够调整图像的尺寸和分辨率。
2. 能合理运用填充与描边工具。
3. 能够通过改变图像视角和范围，制作特殊效果。

任务一　通过调整图像尺寸及裁切呈现照片精华部分

任务描述

打开如彩图 9 所示的数码照片图像文件，通过修改图像画布的尺寸，只保留照片的精华部分，如彩图 10 所示。

理论知识

一、图像的显示效果

1. 100% 显示图像

图 3-1 所示为 100% 显示图像，在此状态下可以对文件进行精确的编辑。

2. 放大显示图像

选择"缩放"工具 ，在图像中鼠标光标变为放大图标 ，每单击一次鼠标，图像就会放大一倍。当图像以 100% 的比例显示时，用鼠标在图像窗口中单击 1 次，图像则以 200% 的比例显示，效果如图 3-2 所示。

图 3-1　100% 显示图像

图 3-2　200% 显示图像

当要放大一个指定的区域时，选择放大工具 ，按住鼠标左键不放，在图像上框选出一个矩形选区，如图 3-3 所示，选中需要放大的区域，松开鼠标，选中的区域会放大显示并填满图像窗口，如图 3-4 所示。

图 3-3　放大指定的区域

图 3-4　指定区域被放大的效果

按 Ctrl++ 组合键，可逐次放大图像，例如从 100% 的显示比例放大到 200%，直至 300%、400%。

3. 缩小显示图像

缩小显示图像，一方面可以用有限的屏幕空间显示出更多的图像，另一方面可以看到一个较大图像的全貌。

选择"缩放"工具 ，在图像中鼠标光标变为放大图标 ，按住 Alt 键不放，鼠标光标变为缩小工具图标 。每单击一次鼠标，图像将缩小显示一级。图像的原始图像效果如图 3-5 所示，缩小显示后效果如图 3-6 所示。按 Ctrl+ - 组合键，可逐次缩小图像。

图 3-5　原始图像

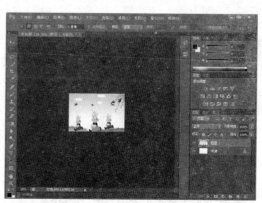

图 3-6　缩小到 30% 的显示效果

也可在缩放工具属性栏中单击缩小工具按钮 ，如图 3-7 所示，则鼠标光标变为缩小工具图标 ，每单击一次鼠标，图像将缩小显示一级。

图 3-7　缩放工具设置栏

二、图像和画布尺寸的调整

根据制作过程中不同的需求，可以随时调整图像的尺寸与画布的尺寸。

1. 图像尺寸的调整

打开一幅图像，执行"图像"—"图像大小"命令，弹出"图像大小"的对话框，如图 3-8 所示。

（1）像素大小。通过改变"宽度"和"高度"选项的数值，改变图像在屏幕上显示的大小，图像的尺寸也相应改变。

（2）文档大小。通过改变"宽度"、"高度"和"分辨率"选项的数值，改变图像的文档大小，图像的尺寸也相应改变。

（3）约束比例。选中此复选框，在"宽度"和"高度"选项右侧出现锁链标志 ，表示改变其中一项设置时，两项会成比例的同时改变。

（4）重定图像像素。不勾选此复选框，图像的数值将不能单独设置，"文档大小"组中的"宽度"、"高度"和"分辨率"选项右侧将出现锁链标志 ，改变数值时 3 项会同时改变，如图 3-9 所示。

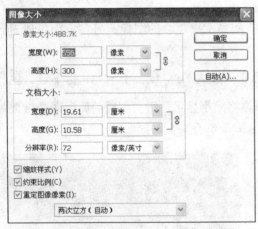

图 3-8　"图像大小"的对话框

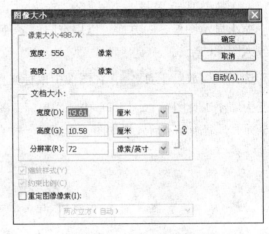

图 3-9　取消约束比例

（5）图像尺寸的计量单位。在"图像大小"对话框中可以改变选项数值的计量单位，在选项右侧的下拉列表中进行选择，如图 3-10 所示。

（6）分辨率。单击"自动"按钮，弹出"自动分辨率"对话框，系统将自动调整图像的分辨率和品质效果，如图 3-11 所示。

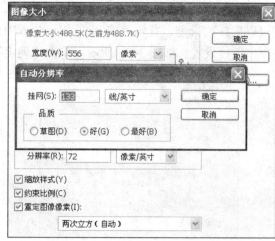

图 3-10　图像尺寸的计量单位　　　　　　　图 3-11　自动分辨率

2. 画布尺寸的调整

画像画布尺寸的大小是指当前图像周围的工作空间的大小。执行"图像"—"画布大小"命令，弹出"画布大小"对话框，如图 3-12 所示。

（1）当前大小。显示的是当前文件的大小和尺寸。

（2）新建大小。用于重新设定图像画布的大小。

（3）定位。可调整图像在新画面中的位置，可偏左、居中或在右上角等，如图 3-13 所示。图 3-14 所示为调整画布大小的效果。

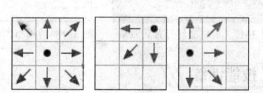

图 3-12　"画布大小"对话框　　　　　　图 3-13　不同定位

（a）　　　　　　　　　　（b）　　　　　　　　　　（c）

图 3-14　调整画布大小

（a）原图；（b）调整画布大小；（c）调整后效果

（4）画布扩展颜色。此选项的下拉列表中可以选择填充图像周围扩展部分的颜色，在列表中可以选择前景色、背景色或 Photoshop CS6 中的默认颜色，也可以自己调整所需颜色。在对话框中进行设置，如图 3-15 所示，单击"确定"按钮，效果如图 3-16 所示。

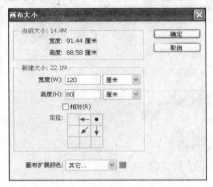

图 3-15　设置画布扩展颜色

图 3-16　画布扩展颜色设置效果

任务实现

（1）执行"文件"—"打开"命令，打开素材图像，如图 3-17 所示。执行"图像"—"画布大小"命令，弹出如图 3-18 所示的"画布大小"对话框。

（2）为了只保留图像中间的泥塑，需要将图像的宽度和高度都进行调整。在"画布大小"对话框适当地调整数据，如图 3-19 所示，就得到了如彩图 10 所示的效果图。

图 3-17　素材文件打开后效果

图 3-18　"画布大小"对话框

图 3-19　设置画布大小

技能训练

1. 修改图 3-20 所示图像的分辨率分别为 72ppi 和 300ppi，如图 3-21 所示，将图像放大到 300%，如图 3-22 所示，观察图像清晰度的变化。

图 3-20　原图像

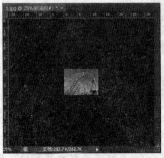

图 3-21　72ppi 效果

图 3-22　300ppi 效果

2. 通过调整画布大小，将原有如图 3-23 所示的图像，调整为如图 3-24 所示效果。

图 3-23　原图像　　　　　　　　图 3-24　调整画布大小后效果

任务二　利用填充和描边制作秋天红叶

任务描述

利用填充和描边把彩图 11 所示的素材图像制作为如彩图 12 所示的秋后枫叶效果。使用魔棒工具将绿色的枫叶选中用设置好的红色填充选中区域即可。

理论知识

1. 填充命令

执行"编辑"—"填充"命令，弹出"填充"对话框，如图 3-25 所示。

（1）内容。用于选择填充方式，包括使用前景色、背景色、颜色、图案、历史记录、黑色、50% 灰色、白色进行填充。

（2）模式。用于设置填充模式。

（3）不透明度。用于调整不透明度。

为某个选区填充颜色的步骤：在图像中绘制选区，执行"编辑"—"填充"命令，弹出"填充"对话框进行设置后效果如图 3-26 所示。

图 3-25　"填充"对话框

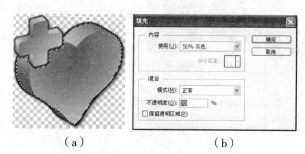

（a）　　　　　　　　（b）

图 3-26　为选区填充

（a）绘制心形选区；（b）填充对话框

按 Alt+Backspace 组合键，将使用前景色填充选区或图层，按 Ctrl+ Backspace 组合键，将使用背景色填充选区或图层，按 Delete 键，将删除选区中的图像，露出背景色或下面的图像。

2. 描边命令

执行"编辑"—"填充"命令，弹出"填充"对话框，如图 3-27 所示。

（1）描边。用于设定边线的宽度和边线的颜色。

（2）位置。用于设定所描边线相对于区域边缘的位置，包括内部、居中和居外 3 个选项。

（3）混合。用于设置描边模式和不透明度。

制作描边效果的步骤：选中要描边的区域，生成选区，执行"编辑"—"填充"命令的效果如图 3-28 所示。

图 3-27 "描边"对话框

图 3-28 文字描边效果

任务实现

（1）执行"文件"—"打开"菜单项，打开"枫叶"素材图片，如图 3-29 所示。在"图层"面板中用鼠标双击"背景"图层，弹出如图 3-30 所示的"新建图层"对话框，点击"确定"按钮，将背景图层解锁，如图 3-31 所示。

图 3-29 文件打开后效果

图 3-30 "新建图层"对话框

图 3-31 背景图层解锁

（2）选择工具箱中的 （魔棒工具），在工具设置栏中设置"容差"为 10，选择"连续"和"消除锯齿"两个复选框，按下 Shift 键的同时，用鼠标左键在需要选取的区域点击，将所有白色的区域选中，如图 3-32 所示。执行"选择"—"反向"命令（或按下 Shift+Ctrl+I），将白色区域进行反选操作，如图 3-33 所示。

（3）点击工具栏的"设置前景色" ，将前景色设置为深红色（#d53300），执行"编辑"—"填充"命令，在弹出的"填充"对话框，设置相应参数，如图 3-34 所示，点击"确定"按钮，得到暗红色枫叶。再次执行"编辑"—"填充"命令，在弹出的"填充"对话框，仍按图 3-34 所示设置参数后点击"确定"按钮，得到亮红色枫叶。

图 3-32　选中白色区域

图 3-33　将白色区域反选

图 3-34　"填充"对话框

（4）执行"编辑"—"填充"命令，弹出"填充"对话框，按图 3-35 所示设置参数，其中描边的颜色值为 #9a4226，按"确定"钮，得到如图 3-36 所示的效果。按 Ctrl+D 取消选区，得到如彩图 12 所示的秋天红叶效果。

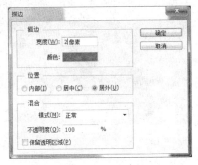

图 3-35　"描边"对话框

图 3-36　红叶描边效果

技能训练

1.将图 3-37 所示图片中的白色花朵填充为浅紫色，并使用深紫色对其花瓣进行描边。

图 3-37　花朵素材图片

2. 使用"填充"命令改变图 3-38 所示图片的背景颜色，并使用描边命令，将气球的边缘线变粗，效果如图 3-39 所示。

图 3-38　气球素材图片

图 3-39　填充及气球描边后效果

3. 使用"填充"命令改变图 3-40 所示图片的颜色，效果如图 3-41 所示。

图 3-40　素材图片

图 3-41　填充后效果

≡≡≡ 任务三　利用旋转制作礼盒倒影 ≡≡≡

 任务描述 ///

把彩图 13 所示的礼盒复制、旋转，制作出如彩图 14 所示的倒影的效果。

理论知识 ///

1. 移动工具

移动工具可以将选区或者图层移到图像中的不同位置。移动工具的设置栏如图 3-42 所示。

图 3-42　移动工具设置栏

（1）选中"自动选择"复选框后，只需单击要选择的图像即可自动选中该图像所在的图层，而不必通过"图层"面板来选择某一图层。

（2）选中"显示变换控件"复选框后，将显示选区或者图层不透明区域的边界定位框。通过边界定位框可以对对象进行简单的缩放及旋转的修改，一般用于矢量图形。

（3）对齐链接按钮。该组按钮用于对齐图像中的图层。它们分别与菜单栏中的"图层"—"对齐"子菜单中的命令相对应。

（4）分布链接按钮。该组按钮用于分布图像中的图层。它们分别与菜单栏中的"图层"—"分布"子菜单中的命令相对应。

（5）如果当前图像有选区，则将光标移动到选区内，然后按住鼠标左键拖动，可以将选区内的图像拖动到新的位置，相当于剪切操作。

2. 图像的剪切

如果图像中含有大面积的纯色区域或透明区域，可以应用裁剪命令进行操作。原始图像效果如图 3-43 所示，选择菜单"图像"—"裁剪"命令，弹出"裁剪"对话框，在对话框中进行设置，如图 3-44 所示，单击"确定"按钮，效果如图 3-45 所示。

图 3-43　原始图像

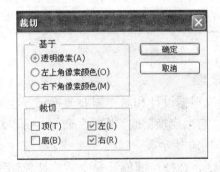

图 3-44　"裁剪"对话框

图 3-45　裁剪后效果

（1）透明像素。如果当前图像的多余区域是透明的，则选择此选项。

（2）左上角像素颜色。根据图像左上角的像素颜色，来确定裁切的颜色范围。

（3）右下角像素颜色。根据图像右下角的像素颜色，来确定裁切的颜色范围。

（4）裁切。用于设置裁切的区域范围。

3. 图像画布的变换

图像画布的变换将对整个图像起作用。选择菜单"图像"—"旋转画布"命令，其下拉菜单如图 3-46 所示。画布变换的多种效果，如图 3-47 所示。

选择"任意角度"命令，弹出"旋转画布"对话框，进行设置后的效果如图 3-48 所示，单击"确定"按钮，画布被旋转，效果如图 3-49 所示。

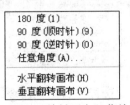

图 3-46　"旋转画布"菜单项

图 3-47 图像画布的变换效果

（a）原图片；（b）180°；（c）90°（顺时针）；

（d）90°（逆时针）；（e）水平旋转画布；（f）垂直旋转画布

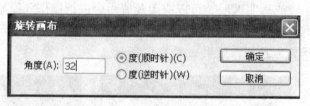

图 3-48 "旋转画布"对话框

图 3-49 旋转后效果

4. 图像选区的变换

在操作过程中可以根据设计和制作需要变换已经绘制好的选区。在图像中绘制选区后，选择菜单"编辑"—"自由变换"或"变换"命令，可以对图像的选区进行各种变换。"变换"命令的下拉菜单如图 3-50 所示。

在图像中绘制选区，选择"缩放"命令，拖拽控制手柄，可以对图像选区自由的缩放；选择"旋转"命令，旋转控制手柄，可以对图像选区自由的旋转，如图 3-51 所示。

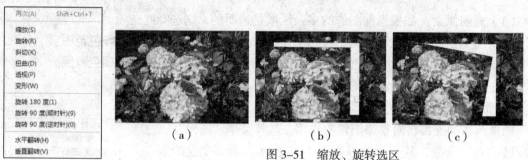

图 3-51 缩放、旋转选区

（a）绘制选区；（b）自由缩放；（c）自由的旋转

图 3-50 下拉菜单

选择"斜切"命令，拖拽控制手柄，可以对图像选区进行斜切调整，如图 3-52 所示。选择"扭曲"命令，拖拽控制手柄，可以对图像选区进行扭曲调整，如图 3-53 所示。选择"透视"命令，拖拽控制手柄，可以对图像选区进行透视调整，如图 3-54 所示。

图 3-52　斜切　　　　　　　图 3-53　扭曲　　　　　　　图 3-54　透视

使用快捷键变换图像的选区：在图像中绘制选区，按住 Ctrl+T 组合键，选区周围出现控制手柄，拖拽控制手柄，可以对图像选区自由的缩放。按住 Shift 键的同时，拖拽控制手柄，可以等比例缩放图像选区。

任务实现

（1）执行"文件"—"打开"菜单项，打开"礼盒"素材图片。

（2）制作礼盒右侧倒影。

1）在工具箱中选择"多边形套索工具"将礼盒右侧面选中，如图 3-55 所示。执行"编辑"—"拷贝"命令或者按快捷键 Ctrl+C，将礼盒的右侧面复制到剪贴板，再执行"编辑"—"粘贴"命令或者按快捷键 Ctrl+V，此时得到一个名为"图层 1"的新图层，点击"背景"图层的，让该图层隐藏，效果如图 3-56 所示。点击"背景"图层的，让该层显示。

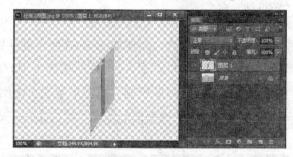

图 3-55　选中右侧面　　　　　　图 3-56　粘贴到图层 1 效果

2）选中图层 1，执行"编辑"—"变换"—"垂直翻转"命令或者按快捷键 Ctrl+T，然后按鼠标右键，选择"垂直翻转"命令，效果如图 3-57 所示。

3）选择移动工具，将翻转后的图像向下移动，使其右上角的顶点与背景图层中礼盒右侧面的右下角顶点重合，如图 3-58 所示。继续执行"编辑"—"变换"—"扭曲"命令或者按快捷键 Ctrl+T，然后按鼠标右键，选择"扭曲"命令，通过调整控制手柄，使礼盒的倒影与右侧面贴合，如图 3-59 所示。

4）为图层 1 添加蒙版（注：前景色为黑色），选择"渐变工具"，单击渐变编辑器，选择黑、白渐变如图 3-60 所示，使用"线性渐变"在其图像上拉伸，效果如图 3-61 所示。

制作礼盒正面倒影的方法与制作右侧面倒影的方法相同。最终的效果如彩图 14 所示。

图 3-57　垂直翻转效果

图 3-58　移动后效果

图 3-59　扭曲后效果

图 3-60　渐变编辑对话框

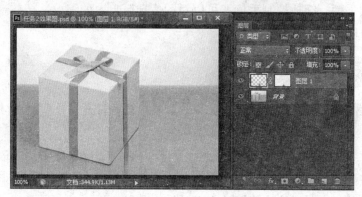
图 3-61　右侧面倒影效果

技能训练 ///

1. 使用如图 3-62 所示图片，制作如图 3-63 所示的倒影效果。

提示：（1）需要扩大画布，这样才有空间增加水中的倒影。

（2）使用"模糊"—"高斯模糊"滤镜来实现水中倒影的模糊；使用椭圆选框工具 [icon]
在倒影的合适位置圈选出一个椭圆形的选区，然后执行"滤镜"—"扭曲"—"水波"命令，
如图 3-64 所示。

图 3-62　风景素材图片

图 3-63　倒影效果

图 3-64　水波滤镜设置

2. 制作将图 3-65 所示小球制作的投影与倒影效果，如图 3-66 所示。

提示：任何物体背光的部分皆会产生投影，在一个较光亮的面上还会折射出物体的倒影，
如水面、玻璃桌面、大理石地面等。给物体做上阴影会显得更加真实、有立体感。

（1）复制球体层，将复制的球体移动到适当位置，垂直翻转，稍微模糊一点，降低透明度。
倒影制作完成，如图 3-67 所示。

（2）再复制一个球体层，放在球体层下，用快速选取工具选取球体，用扭曲变换工具将其变形，然后填充黑色，高斯模糊，降低透明度，球体的投影完成，如图 3-68 所示。

（3）还可以尝试完成其他形状，如锥体、圆环、立方体等，如图 3-69 所示。

图 3-65　简单球体

图 3-66　球体加入投影与倒影效果

图 3-67　球体倒影效果

图 3-68　球体投影效果

图 3-69　其他形状效果

任务四　矫正倾斜和透视变形的照片

任务描述

使用透视裁剪工具将彩图 15 所示的，由于在拍照时因相机或角度没选择好而出现的倾斜变形照片，调整为如彩图 16 所示的正常照片。

理论知识

1. 裁剪工具

裁剪工具用于图像的修剪。裁剪工具的设置栏如图 3-70 所示。

图 3-70　裁剪工具设置栏

在使用 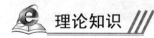（裁剪工具）时图形边框会直接显示裁剪工具的按钮盒参考线，此时只要根据需要拖动图像边框四周裁剪工具的按钮剪出要保留的区域，然后按键盘上的 Enter 键即可完成裁剪操作。

在 Photoshop CS6 中，如果要还原裁剪的图像，则可以再次选择工具箱中的 ⊞ ▾（裁剪工具），然后进行随意操作即可看到裁剪前的图像。这与以前版本中只有执行撤销前面裁剪操作后才能还原裁剪前的图像相比，是一个极其人性化的改变。

2. 透视裁剪工具

透视裁剪工具用于纠正不正确的透视变形。与裁剪工具的不同之处在于，前者允许用户使用任意四边形来裁剪画面，而后者只允许用户以四边形裁剪画面。透视裁剪工具的设置栏如图 3-71 所示。

图 3-71　透视裁剪工具设置栏

使用 ⊞ ▾（透视裁剪工具）定义不规则四边形的意义在于，进行裁剪时，软件会对选中的画面区域进行裁剪，还会把选定区域"变形"为正四边形。这就意味着用户可以纠正不正确的变形。例如原来应该是长方形的墙面，拍摄时相机倾斜变成了梯形，此时可以用 ⊞ ▾（透视裁剪工具）进行纠正。

任务实现 ///

（1）执行"文件"—"打开"菜单项，打开"变形照片"素材图片，在"图层"面板中用鼠标双击"背景"图层，将该图层解锁，如图 3-72 所示。

（2）执行"编辑"—"变换"—"透视"命令，调整左上角控制点，拖至大楼与地面垂直位置，如图 3-73 所示，按"Enter"键确认，则出现如彩图 16 所示的效果。

图 3-72　解锁背景图层

图 3-73　执行"透视"命令

技能训练 ///

1. 使用透视裁剪工具 ⊞ ▾ 将图 3-74 所示的照片调整为如图 3-75 所示的效果。

提示：（1）选择透视裁剪工具后，按下鼠标左键进行拖动，拉出一个裁剪框，如图 3-76 所示。

（2）此时裁剪框周围有几个调整点，而且很人性化地预置了水平和垂直参考线，点击并拖动调整点使之与图中有明显应该垂直的线条平行，如图 3-77 所示。

（3）在图像上双击鼠标确定。

图 3-74　原图

图 3-75　效果图

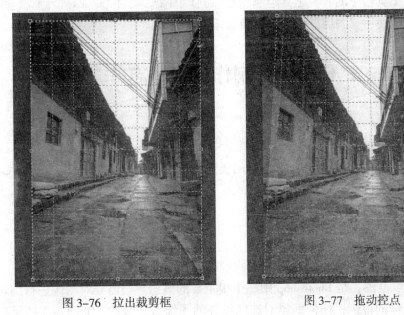

图 3-76　拉出裁剪框

图 3-77　拖动控点

项目四　工具箱的使用

1. 了解选区、羽化、透明度、对比度等名词的含义。
2. 理解工具箱中的各类工具适用的条件。

1. 能够使用工具箱中的各类工具绘制图形、处理图像。
2. 能够简单地使用"图层混合模式"及滤镜实现特效。

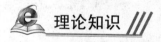

任务一　制作奥迪标志

任务描述

利用椭圆形选框工具绘制如彩图 17 所示的奥迪标志。

理论知识

一、选区的定义

选区，也称选取范围，是 Photoshop 中一个很重要的概念。当需要对图像进行编辑时，首先要确定需要做编辑的范围，任何编辑对选区以外的图像是无效的，如图 4-1 所示。当一个图像上没有建立选择区时，相当于全部选择。获得选区的方法很多，有矩形选框工具、套索工具、魔棒工具、色彩选择工具等。

在 Photoshop 中，由于图像的基本组成单位是像素，因此在选择区域时不可能选择半个像素。另外，选区的级别和通道中的 256 级灰度是对应的，因此选区也是有级别之分的。对于一个灰度模式的图像，所做的选区是可以有透明度的，有些像素可能只有 50% 的灰度被选中，而当进行删除时也只有 50% 的像素被删除。可以这样说，当确定选择区域时，只有选择程度在 50% 以上的像素才会通过浮动选区表现出来。Photoshop 中的"羽化"命令就是基于这个原理工作的。

图 4-1 选区不可能选择半个像素 | 图 4-2 矩形选框工具

二、使用矩形选框工具创建选区的基本方法

1. 矩形选框工具

矩形选框工具一共包含 4 个选取工具，分别是矩形选框工具、椭圆框工具、单行选框工具和单列选框工具，如图 4-2 所示。

使用矩形选框工具在画面上画框，可以确定一个矩形选区，其工具选项栏如图 4-3 所示。若需要绘制正方形 / 圆形选区，则需要按住 Shift 键的同时，按住左键移动鼠标；若需要从中心点开始绘制规则选区，则需按住 Alt 键，左键点击选区的中心作为起点后，按住左键移动鼠标。

图 4-3 矩形选框工具的设置栏

（1）选区的编辑

1）新建选区 。用于创建一个新的选区。

2）添加到选区 。是在已经建立的选区之外再加上其他的选区范围，首先使用矩形选框工具拖出一个矩形选区，然后在矩形选框工具的设置栏中单击 按钮，或者按住 Shift 键的同时用此工具拖出一个矩形选区，此时，所用工具的右下角出现了"+"形符号，松开鼠标后所得到的结果是两个选择区域的并集，如图 4-4 和图 4-5 所示。

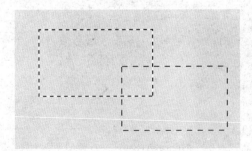

图 4-4 创建新选区 | 图 4-5 添加到选区的效果

3）从选区减去 。用于从已经建立的选区中减去一部分。首先使用矩形选框工具拖出一个矩形选区，然后在矩形选框工具的设置栏中单击 按钮，或者在按住 Alt 键的同时用此工具再拖出一个矩形选区，此时，所用工具的右下角出现了一个"–"形符号，松开鼠标后所得到的结果是第 1 个选区减去第 2 个选区的结果，如图 4-6 和图 4-7 所示。

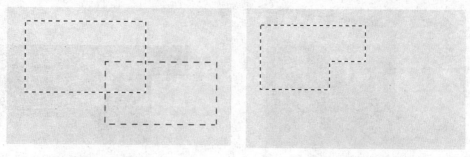

图 4-6　创建两个区　　　　　　　　图 4-7　从选区减去的效果

4）与选区交叉 。用于保留两个选区的重叠部分。首先使用矩形选框工具拖出一个矩形选区，然后在矩形选框工具的设置栏中单击 按钮，或者同时按住 Alt 和 Shift 键，再用此工具拖出一个矩形选区，此时，所用工具的右下角出现了一个"X"形符号，松开鼠标后所得到的结果是两个选区的重叠部分，如图 4-8 和图 4-9 所示。

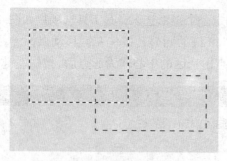
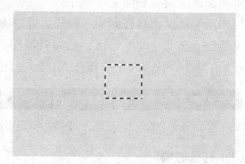

图 4-8　创建两个区　　　　　　　　图 4-9　选区相交的效果

（2）"羽化"选项

　　"羽化"用于对选择区的边缘做软化处理，其对图像的编辑在选区的边界产生过渡。"羽化"值的范围为 0 ～ 250，数值越大，"羽化"效果越明显，选区的边界也就越模糊，如图 4-10 所示。当选区内的有效像素小于 50% 时，图像上不再显示选区的边界线。

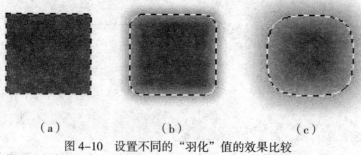

（a）　　　　　　　　（b）　　　　　　　　（c）
图 4-10　设置不同的"羽化"值的效果比较
（a）羽化值 =　0；（b）羽化值 =5；（c）羽化值 =10

（3）样式

1）正常。可以任意确定选区的选择范围。

2）固定比例。用输入数值的形式确定选择范围的长宽比。

3）固定大小。用输入数值的形式精确设定选择范围的长与宽。

2. 椭圆形选框工具

与矩形选框工具类似，其设置栏只多了一个"消除锯齿"复选框，如图 4-11 所示。

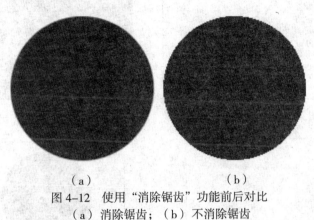

图 4-11 椭圆形选框工具的设置栏

当勾选"消除锯齿"复选框后，Photoshop 会对所选图像的边缘像素进行自动补差，使其边缘上相邻的像素点之间的过渡变得更柔和，如图 4-12 所示。这一功能在剪切、复制和粘贴选区、创建复合图像时非常有用。

（a）　　　　　　　　　　（b）

图 4-12 使用"消除锯齿"功能前后对比
（a）消除锯齿；（b）不消除锯齿

3. 单行 / 单列选框工具

选择单行 / 单列选框工具，在画面上单击就可以将选区定义为一个像素的行或者列，其实也是一个矩形框，但这个矩形框只有一个像素高或宽，如图 4-13 和图 4-14 所示。

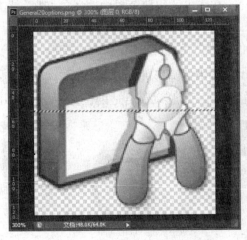

图 4-13 单行选框工具使用效果　　　　　图 4-14 单列选框工具使用效果

任务实现 ///

（1）新建文件，用于绘制奥迪标志。选择"文件"—"新建"菜单项，在弹出的对话框中设置名称为"奥迪"、背景为白色，并设置好其他参数，如图 4-15 所示，单击"确定"按钮，新建一个文件。

（2）在"图层"窗口中点击 ▣ （新建图层），创建名为"图层1"的新图层，如图4-16所示。选择 ◯ 椭圆形选框工具，在图层1中按住Shift键画正圆，如图4-17所示。

（3）将前景色设为黑色，即RGB（0,0,0），然后在工具栏中选择 🛢 （油漆桶）工具，对图层1中的圆形进行填充，如图4-18所示。

图4-15　新建文件对话框

图4-16　新建图层1

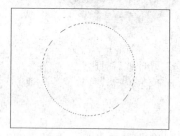

图4-17　在图层1中绘制正圆

图4-18　将圆形填充为黑色

（4）在建图层面板中，鼠标右键单击图层1，在弹出的快捷菜单中选择"复制"菜单项，创建图层1副本，如图4-19所示。

（5）选择图层1副本层中的圆形，将前景色设为白色，即RGB（255，255，255），然后在工具栏中选择 🛢 （油漆桶）工具，对图层1副本中的圆形进行填充。执行"编辑"—"自由变换"菜单项，然后按住Shift键调整圆形为适当大小后，移动到合适的位置，如图4-20所示。

图4-19　创建图层1副本

图4-20　将白色的圆形调整到合适的大小

（6）按Ctrl+E向下合并图层，选择工具箱中的 🪄 （魔棒工具），在工具设置栏中设置"容差"为1，用鼠标左键点击白色的圆，使其被选中，按下Delete键将选区删除，得到一个圆环，如图4-21所示。按Ctrl+D取消选择。

（7）选择工具箱中的 （魔棒工具），在工具设置栏中设置"容差"为1，用鼠标左键点击黑色的圆环，使其被选中，按下 Ctrl+C 将圆环复制到剪贴板，再连续按下三次 Ctrl+V，分别把3个黑色的圆环复制到图层2、图层3和图层4中，移动四个黑色圆环到合适的位置，得到奥迪标志的轮廓，如图4-22所示。按 Shift+Ctrl+E 合并可见图层为"图层1"。

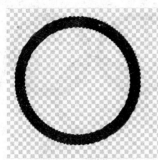

图4-21　得到圆环

图4-22　奥迪标志的轮廓

（8）为了使奥迪标志呈现出金属色及立体感，需要为图层1设置浮雕及渐变叠加等样式。在图层面板中单击 fx.，在 "斜面和浮雕"、"描边"及"渐变叠加"对话框中分别设置相应参数，如图4-23～图4-25所示。设置完成后，奥迪标志就制作完成了，如彩图17所示。

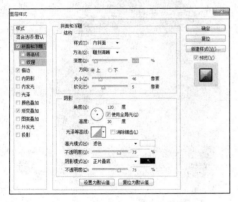

图4-23　"斜面和浮雕"对话框

图4-24　"描边"对话框

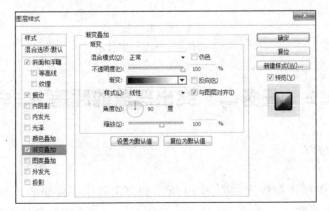

图4-25　"渐变叠加"对话框

技能训练 ///

1. 利用"椭圆形选区工具"，绘制如图 4-26 所示的八卦图案。
2. 利用"椭圆形选区工具"，绘制如图 4-27 所示的奥运五环图案。

图 4-26　八卦图案

图 4-27　奥运五环图案

3. 制作如图 4-28 所示的婚纱照。

提示：创建椭圆选区，再反选，把周围删除，再反选回来，描边。

（a）

（b）

图 4-28　婚纱照
（a）制作前；（b）制作后

任务二　突出怒放的睡莲

任务描述 ///

把彩图 18 的睡莲照片制作出如彩图 19 所示的突出效果。要想实现这一效果，需要先把睡莲选中，再将图像反选后，使用"图像"—"调整"—"曲线"菜单进行设置。

理论知识 ///

魔棒工具一共包含 2 个工具,分别是快速选择工具和魔棒工具,如图 4-29 所示。

图 4-29 魔棒工具包含 2 个小工具

1. 魔棒工具

魔棒工具是基于图像中相邻像素的颜色值近似程度进行选择的,对于一些色彩界线比较明显的图像,魔棒工具可以自动获取附近区域相同的颜色,并使它们处于选择状态。魔棒工具的设置栏如图 4-30 所示。

图 4-30 魔棒工具的设置栏

(1)容差。容差是相邻像素间的颜色范围,其数值为 0 ~ 255。容差越大,图像颜色的接近度也就越小,选择的区域也就相对越大,如图 4-31 所示。

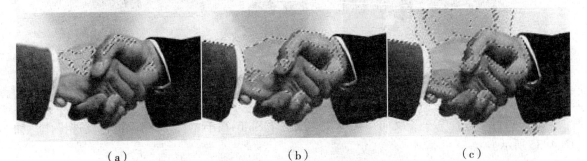

(a)   (b)   (c)

图 4-31 魔棒工具在不同容差值下对图像做不连续选区的结果
(a)容差 10; (b)容差 32; (c)容差 50

(2)连续。选择该复选框可以将图像中连续的像素选中,否则可将连续和不连续的像素一并选中。

(3)对所有图层取样。选择该复选框,魔棒工具将跨越图层对所有可见层起作用;否则,就只会对选中的当前图层起作用。

2. 快速选择工具

快速选择工具是从 Photoshop CS3 版本开始增加的一个工具,它可以通过调整画笔的笔触、硬度和间距等参数而快速通过单击或拖动创建选区。拖动时,选区会向外扩展并自动查找和跟随图像中定义的边缘。该工具的参数设置栏如图 4-32 所示。快速选择工具是智能的,它比魔棒工具更加直观和准确。使用时不需要在要选取的整个区域中涂画,快速选择工具会自动调整所涂画的选区大小,并寻找到边缘使其与选区分离。

图 4-32　快速选择工具的设置栏

任务实现

（1）执行"文件"—"打开"菜单项，打开素材图片。双击"背景"图层名称，将该图层解锁，此时图层自动更名为"图层 0"，如图 4-33 所示。

（2）选择工具箱中的 （魔棒工具），在工具设置栏中设置"容差"为 30，选择"连续"和"消除锯齿"两个复选框，按下 Shift 键的同时，用鼠标左键在需要选取的区域点击，直到整朵睡莲被选中，如图 4-34 所示。

<table>
<tr><td></td><td></td></tr>
</table>

图 4-33　将背景图层解锁为图层 0　　　　图 4-34　整朵睡莲被选中

（3）执行"选择"—"反向"菜单项（或按下 Shift+Ctrl+I），将图像进行反选操作，如图 4-35 所示。

（4）执行"图像"—"调整"—"曲线"菜单项，在弹出的"曲线"对话框中，设置参数，如图 4-36 所示，点击"确定"按钮。

图 4-35　执行"反选"效果

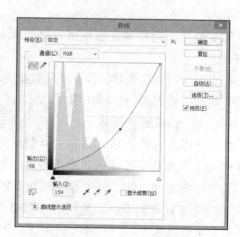

图 4-36　设置曲线

（5）按下 Ctrl+D（取消选择），此时一朵突出的、正在怒放的睡莲就出现了，如彩图 19 所示。

技能训练

1. 将图 4-37 所示的青蛙与荷叶的图像进行合成，制作如图 4-38 所示的在荷叶上休憩的小青蛙。

提示：青蛙可以采用先选择其周围的近白背景，再反选的方法。

图 4-37　青蛙与荷叶的图片

图 4-38　在荷叶上休憩的小青蛙

2. 采用如图 4-39 所示圣诞素材图片制作如图 4-40 所示的圣诞贺卡。

图 4-39　圣诞素材图片　　　　　　图 4-40　圣诞贺卡

任务三　制作傍晚火烧云效果

任务描述 ///

将彩图 20 所示的风景照片与准备好的火烧云图像进行叠加，通过改变图层的透明度使火烧云逼真地贴入到原有的风景图片中，最终结果如彩图 21 所示。

理论知识 ///

套索工具一共包含 3 个选取工具，分别是套索工具、多边形套索工具和磁性套索工具，如图 4-41 所示。

1. 套索工具

套索工具可以选择任意形状的区域，其设置栏如图 4-42 所示。套索工具在使用时，按住鼠标左键沿着要选择的主体边缘拖动，就会生成没有锚点（又称紧固点）的线条。只有线条闭合后才能松开左键，否则首尾会自动闭合。如果起点和终点重合，鼠标指针的右下角将出现一个圆圈，单击可以形成一个封闭的选区。用套索不适宜用于选择复杂的图像区域，它更多地是用于圈出一个边缘不精确局部，以便对其调整修饰。

图 4-41　套索工具　　　　　　　　图 4-42　套索工具设置栏

2. 多边形套索工具

多边形套索工具可以用来创建多边形选择区域，其设置栏如图 4-43 所示。多边形套索工具在使用时，用鼠标左键沿主体边缘边前进边单击，就会产生一个个直线相连的锚点，当首尾连接时，鼠标符号多了个圆点，这最后一次单击即产生闭合选区。多边形套索适于选择直线主体。

图 4-43　多边形套索工具设置栏

3. 磁性套索工具

磁性套索工具可以在拖动鼠标的过程中自动捕捉图像中物体的边缘，以创建选择区域，其设置栏如图 4-44 所示。磁性套索工具在使用时，用鼠标左键单击起点，再沿主体边缘移动鼠标，会产生自动识别边缘的一个个相连的锚点。首尾相遇时双击左键，闭合选区就产生了。

图 4-44　磁性套索工具设置栏

（1）羽化。要精确抠图时需要将羽化设为 0。

（2）宽度。设定套索的探测范围，取值在 1 ～ 256 之间。取值越大，磁性越强，虽然鼠标指针偏离了主体边缘，但锚点仍然落在边缘上。如果取值为 1，会发现磁性小到和使用普通套索差不多。在使用磁性套索过程中，可以点击"["或"]"键来随时减小或增加宽度的值，以适应不同边缘的需要。

（3）对比度。设定磁性套索的敏感度，取值在 1% ～ 100% 之间，这是最重要的选项。如果主体与背景有精确的边缘，可取值较高，反之则较低。遇到与背景差别较小的边缘，鼠标拖动要慢。

（4）频率。自动生成锚点的密度，取值在 0 ～ 100 之间。取值越小，速度越快，取值越大，精度越高。一般都选取后者，取值 100。

> **提示**　无论使用哪种套索，都不要在一个位置上双击，因为双击会使首尾自动相连，形成选区。为了使选区精确，要尽可能放大图像（点击工具箱的 🔍（缩放工具）后，鼠标变为"＋"放大镜，再用其点击图像来放大。

任务实现

（1）执行"文件"—"打开"菜单项，打开素材图片。双击"背景"图层名称，将该图层解锁，此时图层自动更名为"图层 0"。

（2）选择工具箱中的 （磁性套索工具），在工具设置栏中设置"羽化"为 0，选择"消除锯齿"复选框，设置宽度为 150px，对比度为 30%，频率为 100，选择图中天空的部分，如图 4-45、图 4-46 所示。

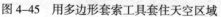

图 4-45　用多边形套索工具套住天空区域

图 4-46　将天空选中

（3）执行"文件"—"打开"菜单项，打开火烧云图片。执行"选择"—"全选"命令（或 Ctrl+A），将该图像全部选中。

（4）回到原图图像，执行"编辑"—"选择性粘贴"—"贴入"命令，此时火烧云图像被粘贴到选区范围内，而选区以外的部分被遮挡，此时会在"图层"面板中产生一个新的图层"图层1"及其蒙版。使用 （移动工具）选中火烧云，将其拖动到合适的位置，结果如图4-47所示。

（5）此时，树木及房屋与背景结合处有白色边缘，为了解决这个问题，需要选择 （画笔工具），并选择一个柔化笔尖，然后确定前景色为白色，当前图层为蒙版图层，使用画笔在树冠及房屋屋顶部分进行涂抹处理，以使树木及房屋与火烧云图层结合得更好，如图4-48所示。

图4-47 贴入火烧云效果

图4-48 用画笔修饰树冠及屋顶后效果

（6）制作水中倒影效果。选择工具箱中的 （多边形套索工具），在工具设置栏中设置"羽化"为0，选择"消除锯齿"复选框，选择河水的部分，如图4-49所示。

（7）执行"编辑"—"选择性粘贴"—"贴入"命令，将火烧云图像粘贴到河水选区范围内，此时会在"图层"面板中产生一个新的图层"图层2"及其蒙版，如图4-50所示。

图4-49 创建河水的选区

图4-50 将火烧云贴入河水选区后效果

（8）执行"编辑"—"变换"—"垂直翻转"命令，将刚刚贴入河水的火烧云翻转，接着使用 （移动工具）将翻转后的火烧云拖动到合适的位置，使其成为天空中火烧云的倒影。将倒影图层（即图层2）设置为当前图层，在"图层"面板中设将图层的"不透明度"设置为"50%"，结果如图4-51所示。

（9）为使陆地的色彩与火烧云相匹配，需要将"背景"图层设为当前层，执行"图像"—"调整"—"色相/饱和度"（快捷键Ctrl+U）命令，在弹出的对话框中设置参数，如图4-52所示，然后单击"确定"按钮，最终效果如彩图21所示。

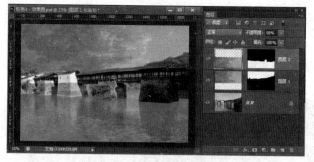

图 4-51　设置图层的"不透明度"为 50% 的效果

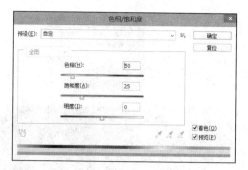

图 4-52　调整色相 / 饱和度

 技能训练 ///

1. 将图 4-53 所示的小刺猬及草地图像进行合成，制作如图 4-54 所示的图像。

图 4-53　小刺猬及草地图像　　　　　图 4-54　合成后的图像

2. 将图 4-55 所示的蔬菜及菜板图像进行合成，制作如图 4-56 所示的图像。

图 4-55　蔬菜及菜板图像　　　　　图 4-56　合成后的图像

3. 将图 4-57 所示的素材图像进行合成，制作如图 4-58 所示的图像。

提示：为使图像嵌入绿色背景时的融合性较好，创建圆形的小动物的选区时，需要将"羽化"值设为 50。

图 4-57　素材图像

图 4-58　合成后的图像

任务四　修复旧照片

任务描述

使用画笔将彩图 22 所示的旧照片进行修复，修复后的效果如彩图 23 所示。

理论知识

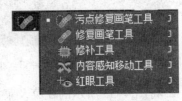

图 4-59　污点修复画笔工具

污点修复画笔工具一共包含 5 个选取工具，分别是污点修复画笔工具、修复画笔工具、修补工具、内容感知移动工具和红眼工具，如图 4-59 所示。

1. 污点修复画笔工具

污点修复画笔工具的设置栏如图 4-60 所示。使用污点修复画笔工具快速将样本区域的纹理、光照、透明度与阴影与所要修复的区域相匹配，从而能快速处理照片中的污点和其他不理想部分。在使用该工具时，需要在设置栏上先选一块比要修复区域稍大一些的画笔笔尖，在要处理污点的位置单击或拖动即可去除污点。

图 4-60　污点修复画笔工具的设置栏

（1）近似匹配。选择该单选钮，如果没有为污点建立选区，则样本自动采用污点外部四周的像素；如果选中污点，则样本采用外围的像素。

（2）创建纹理。选择该单选钮，则使用选区中的所有像素创建一个用于修复区域的纹理。如果纹理不起作用，还可以再次拖过该区域。

2. 修复画笔工具

修复画笔工具的设置栏如图 4-61 所示。使用该工具修复的结果自然融入周围的图像，并保持其纹理、亮度和层次。

图 4-61　修复画笔工具的设置栏

该工具的使用和仿制图章工具类似，都是先按住 Alt 键，单击鼠标采集取样点，然后进行复制或者填充图案。

3. 修补工具

修补工具可以从图像的其他区域或者使用图案来修补当前选中的区域，和修复画笔工具类似的是，在修复的同时也保留了图像原有的纹理、亮度和层次，其设置栏如图 4-62 所示。

图 4-62　修补工具的设置栏

（1）源。选中该单选钮，则原来圈选的区域的内容被移动到的区域内容所替代。

（2）目标。选中该单选钮，则需要将目标选区拖动到需要修补的区域。

4. 内容感知移动工具

这一工具是 Photoshop CS6 新推出的工具，可以简单到只需选择照片场景中的某个物体，然后将其移动到照片的任何位置。经过 Photoshop 的计算，使其可以完成这一移动，该工具的设置栏如图 4-63 所示。

图 4-63　内容感知和移动工具的设置栏

使用该工具时，需要先选出需要移动的图像区域，然后在内容感知和移动工具的设置栏中将模式设为"移动"，用鼠标按下并拖动选区到目标位置，松开鼠标后，选区的图像会与新的背景自动融合，如图 4-64、图 4-65 所示。

图 4-64　将房屋设为选区

图 4-65　使用内容感知移动工具效果

5. 红眼工具

使用该工具可移去闪光灯拍摄的照片中人或动物的红眼，或者是动物眼睛的白色或绿色的光。使用该工具时，在需要处理的红眼位置进行拖动，即可去除红眼。该工具的设置栏如图 4-66 所示。

图 4-66 红眼工具设置栏

任务实现 ///

（1）执行"文件"—"打开"菜单项，打开旧照片图像。在"图层"面板中，将"背景"图层拖拽至"图层"面板中的创建新图层的按钮 ，得到"背景副本"图层，"图层"面板状态如图 4-67 所示。

（2）选择"背景副本"图层为该层去色。执行"图像"—"调整"—"去色"命令（Shift+Ctrl+U），得到的图像效果如图 4-68 所示。

（3）点击工具栏的 （缩放工具）后，鼠标变为"+"放大镜（或按快捷键 Ctrl++），将图像放大至合适比例。选择工具箱中的修补工具 ，在其设置栏中选择"源"单选钮，圈中照片中有划痕的污点区域拖向邻近的干净区域，如图 4-69 所示。使用同样的方法修复其他折痕得到的图像效果如图 4-70 所示。

图 4-67 创建背景图层副本　　　图 4-68 图像去色　　　图 4-69 使用修补工具

图 4-70 折痕被修补　　　图 4-71 文字被修补

（4）修复照片中的文字。用吸管工具 吸取"我的周岁"的文字颜色，选择画笔工具 ，设置其画笔大小为40px，不透明度为100%的硬质笔尖，把字体不清晰的地方用画笔描补好，效果如图4-71所示。

技能训练

1. 修复图4-72所示的红眼人物照片。

2. 请将图4-73中"雅趣"石上面的涂画文字修复。

图4-72 需要修复红眼的人物照片

图4-73 需要修复乱涂乱画的石头照片

3. 将图4-74中的草甸修复完整，如图4-75所示。

图4-74 需要修复的草甸照片

图4-75 修复后的草甸照片

4. 将图4-76中左侧掉皮的墙壁修复完整，并去除照片中的电线。

图4-76 需要修复的乡村照片

任务五　利用画笔工具和橡皮擦工具
调整衣服颜色

任务描述

使用画笔将彩图 24 所示的照片中小姑娘的红色外衣调整为蓝色，调整后的效果如彩图 25 所示。

理论知识

一、画笔工具

图 4-77　画笔工具

画笔工具一共包含 4 个选取工具，分别是画笔工具、铅笔工具、颜色替换工具和混合器画笔工具，如图 4-77 所示。

1. 画笔工具

使用画笔工具可以绘制出边缘柔软的画笔效果，画笔的颜色为工具箱中的前景色，在画布上拖动鼠标就可以任意绘制出边缘柔和的线条，配合 Shift 键可绘制直线，如果此时在画布的不同位置单击则可绘出连续的折线。其设置栏如图 4-78 所示。

20	模式：	正常	不透明度：	30%	流量：	100%

图 4-78　画笔工具设置栏

（1）使用画笔预设设置画笔的大小和形态。单击画笔预设右侧的黑三角箭头（ 20 ），可打开画笔预设面板，如图 4-79 所示。在其中可以设置画笔的大小、硬度和基本形态。

1）大小。通过拖动滑块或直接在文本框中输入数值来确定画笔的大小。

2）硬度。设置画笔边缘的柔化程度，数值越高，画笔边缘越清晰。

"画笔预设面板"中提供了多种画笔形态，单击即可选取所需的画笔。利用这些画笔可以创建出多种形态各异的特殊图案。

用鼠标左键点击画笔预设面板的"设置"按钮 ，将弹出如图 4-79 右侧所示的快捷菜单，用于改变画笔预设的显示方法、删除画笔、创建新画笔、改变画笔的名称，还可以调用 Photoshop CS6 提供的其他画笔预设，或是载入用户由其他途径获得的画笔预设。

（2）使用"画笔面板"调整画笔的姿态。在选中任何一个绘画工具时，单击画笔设置工具栏中的 ，便可弹出"画笔"面板，如图 4-80 所示。

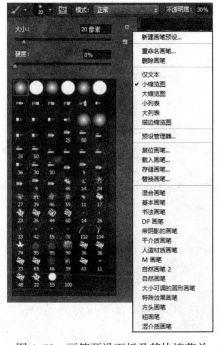

图 4-79　画笔预设面板及其快捷菜单

图 4-80　画笔面板

1）"画笔笔尖形状"选项。画笔设置中提供了 11 类选项，用于改变画笔的整体形态。在画笔窗口中重新选择一个普通的圆形画笔后，单击选择画笔设置项中的"画笔笔尖形状"，调板中的选项可改变画笔大小、角度、粗糙程度、间距等属性。

2）直径。控制画笔大小。直接在文本框中输入数值，或是拖动滑块。

3）使用取样大小。将画笔恢复到创建时的原始直径，仅对样本画笔有效。

4）翻转 X/ 翻转 Y。水平翻转画笔和垂直翻转画笔。

5）角度。用于定义画笔长轴的倾斜角度，可以直接输入角度，或是用鼠标拖动右侧预览图中的水平轴或垂直轴来改变倾斜角度。图 4-81 是角度分别为 0°和 90°时的画笔比较。

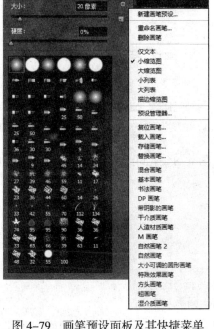

（a）

（b）

图 4-81　不同角度的画笔比较
（a）角度为 0°；（b）角度为 90°

6）圆度。定义画笔短轴和长轴之间的比率。可以直接输入百分比值，或在预览框中拖动两个黑色的节点。100% 时为圆形画笔，0% 时为线性画笔，介于两者之间的值创建椭圆画笔。图 4-82 是圆度分别为 10% 和 100% 时的画笔比较。

（a）

（b）

图 4-82　不同圆度的画笔比较
（a）圆度为 10°；（b）圆度为 100°

7）硬度。硬度用于设置所画线条边缘的柔化程度，图 4-83 是硬度分别为 30% 和 100% 时的画笔比较。

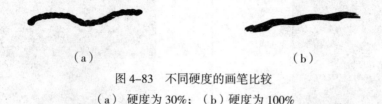

（a）   （b）

图 4-83　不同硬度的画笔比较

（a）硬度为 30%；（b）硬度为 100%

8）间距。间距表示画笔标志点之间的距离，图 4-84 是间距分别为 1% 和 100% 时的画笔比较。

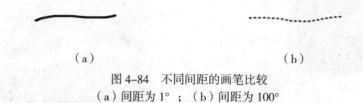

（a）   （b）

图 4-84　不同间距的画笔比较

（a）间距为 1°；（b）间距为 100°

（3）模式。用来定义画笔与背景的混合模式。Photoshop 中有 6 组 22 种混合模式。图 4-85 所示为将红色用不同的混合模式作用到图上的效果。

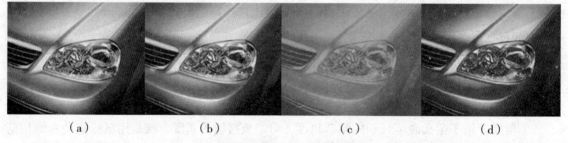

（a）   （b）   （c）   （d）

图 4-85　画笔与背景的混合模式

（a）原图；（b）混合模式 = 饱和度；（c）混合模式 = 排除；（d）混合模式 = 叠加

（4）不透明度。用于设置画笔工具所绘颜色的不透明度（取值范围为 1%～100%），值为 100% 时直接绘制前景色，数值越低，前景色透明程度越强，1% 时完全透明，如图所示。单击参数右侧的三角形按钮将弹出控制滑块，拖动滑块可根据需要设置不透明度，也可以直接在文本框中输入数值。

（5）流量。控制画笔作用到图像上的颜色浓度，流量越大，产生的颜色深度越强，其数值为 0%～100%。激活选项栏的（喷枪）按钮后，使用画笔工具绘画时，如果在绘画过程中将鼠标按下后停顿在某处，喷枪中的颜料会源源不断地喷射出来，停顿的时间越长，该位置的颜色越深，所占的面积也越大，如图 4-86 所示。流量决定了喷枪绘画时颜色的浓度，当值为 100% 时直接绘制前景色，该值越小，颜色越淡，但如果在同一位置反复上色，则颜色浓度会产生叠加效果，如图 4-86 所示。

（6）形状动态。该选项用来增加画笔的动态效果，如图 4-87 所示。其中，"大小抖动"

用来控制笔尖动态大小的变化，如图 4-88 所示。"控制"下拉列表汇总包括"无"、"渐隐"、"钢笔压力"、"钢笔斜度"和"光笔轮"5 个选项，如图 4-89 是将"控制"设置为"渐隐"、"最小直径"设置为 0% 时的画笔形状。

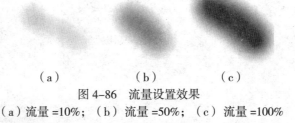

（a） （b） （c）

图 4-86　流量设置效果

（a）流量 =10%；（b）流量 =50%；（c）流量 =100%

图 4-87　"形状动态"选项　　　　图 4-88　"大小抖动"效果　　图 4-89　"渐隐"效果

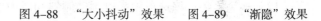

（7）散布。该选项用来决定绘制线条中画笔标记点的数量和位置，如图 4-90 所示。其中，"散布"用来指定线条中画笔标记点的分布情况，可以选择两轴同时散布；"数量"用来指定每个空间间隔中画笔标记点的数量；"数量抖动"用来定义每个空间间隔中画笔标记点的数量变化。

（8）纹理。该选项可以将纹理叠加到画笔上，产生在纹理画面上作画的效果，如图 4-91 所示。其中，"反相"用来使纹理成为原始设定的相反效果；"缩放"用来指定图案的缩放比例；"为每个笔尖设置纹理"用来定义是否对每个画笔标记点都分别进行渲染；"模式"用来定义画笔和图案之间的混合模式；"深度"用来定义画笔渗透到图案的深度，当深度为"100%"时，只有图案显示，当深度为"0%"时，只有画笔的颜色，图案不显示；"最小深度"用来定义画笔渗透图案的最小深度；"深度抖动"用来定义画笔渗透图案的深度变化。

（9）双重画笔。该选项用于使用两种笔尖效果创建画笔，如图 4-92 所示。其中，"模式"用来定义原始画笔和第 2 个画笔的混合方式；"大小"用来控制第 2 个画笔笔尖的大小；"间距"用来控制第 2 个画笔所在线条中标记点之间的距离；"散布"用来控制第 2 个画笔在所画线条中的分布情况；"数量"用来指定每个空间间隔中第 2 个画笔标记的数量。

图4-90　"散布"选项

图4-91　"纹理"选项

图4-92　"双重画笔"选项

（10）颜色动态。该选项用来决定在绘制线条的过程中颜色的动态变化情况。"前景/背景抖动"用于定义绘制的线条在前景色和背景色之间的颜色动态变化；"色相抖动"用于定义画笔绘制线条的色相的动态变化范围；"饱和度抖动"用于定义画笔绘制线条的饱和度的动态变化范围；"亮度抖动"用于定义画笔绘制线条的亮度的动态变化范围；"纯度"用于定义颜色的纯度。

（11）传递。该选项用来添加自由随机效果，对于软边的画笔效果尤为明显。

（12）画笔笔势。该选项用来以画笔倾斜和压力的方式来绘制图形。

（13）杂色。该选项用来给画笔添加噪波效果。

（14）湿边。该选项可以给画笔添加水笔效果。

（15）建立。该选项可以使画笔模拟传统的喷枪效果，使图像有渐变色调的效果。

（16）平滑。该选项可以使绘制的线条产生更流畅的曲线。

（17）保护纹理。该选项可以对所有的画笔执行相同的纹理图案和缩放比例。

2. 铅笔工具

使用铅笔工具可以绘制出硬边的线条，其设置栏如图4-93所示。

图4-93　铅笔工具设置栏

自动抹除：如果使用铅笔工具所绘线条的起点使用的是工具箱中的前景色，铅笔工具将和橡皮擦工具类似，将前景色擦除至背景色；如果使用的是工具箱中的背景色，铅笔工具会和绘图工具一样使用前景色绘画；当使用铅笔工具所绘线条起点的颜色与前景色和背景色都不相同时，铅笔工具也是使用前景色绘图。

二、橡皮擦工具

橡皮擦工具一共包含有 3 个选取工具，分别是"橡皮擦工具"、"背景橡皮擦工具"和"魔术橡皮擦工具"，如图 4-94 所示。

图 4-94　画笔工具

1. 橡皮擦工具

使用该工具可以将图像擦至工具箱中的背景色，并可将图像还原到"历史"面板中图像的任何一个状态。橡皮擦工具的设置栏如图 4-95 所示。

图 4-95　橡皮擦工具的设置栏

（1）画笔。用来设定橡皮擦工具的大小。

（2）模式。可以选择不同的橡皮擦模型，如"画笔"、"铅笔"和"块"，用来定义橡皮擦工具的形状。

（3）流量。用于控制橡皮擦再擦出事的流动频率，数值越大，频率越高。取值范围为 0%～100%

（4）抹到历史记录。选中该复选框后，使用橡皮擦工具可以将画面的一部分擦除成"历史记录"面板中指定的状态。

2. 背景橡皮擦工具

使用该工具可以将图层上的颜色擦除至透明，其设置栏如图 4-96 所示。

图 4-96　背景橡皮擦工具的设置栏

使用背景橡皮擦工具可以去掉背景的同时保留物体的边缘。通过定义不同的取样方式和设定不同的容差值，可以控制边缘的透明的和锐利程度。

（1）限制。该下拉列表框总有 3 个选项，"不连续"为删除所有的取样颜色；"连续"为只擦除与取样颜色相关联的区域；"寻找边缘"为擦出保函取样颜色的相关区域并保留形状边缘的清晰和锐利。

（2）容差。用户来控制擦除颜色的范围。数值越大，每次擦除的颜色范围就越大。

（3）保护前景色。选中该复选框，可以将前景色保护起来不被删除。

（4）取样 　。可以设定所要擦除颜色的取样方式，包含 3 个选项。"连续"是指随着鼠标指针的移动而不断吸收颜色，因此鼠标指针经过的地方就是被擦出的部分；"一次"是指将鼠标第一次单击的地方作为取样的颜色，随后以该颜色作为基准色擦去容差范围内的颜色；"背景色板"是以背景色作为取样颜色，可以擦除与背景色相近或者相同的颜色。

3. 魔术橡皮擦工具

使用该工具可以根据颜色的近似程度来确定将于想擦成透明的程度，其设置栏如图 4-97 所示。

图 4-97　魔术橡皮擦工具的设置栏

当使用魔术橡皮擦工具在图层上单击时，该工具会自动将所有相似的像素变为透明，如果针对的是"背景"图层，则操作完成后"背景"图层会变成普通图层。如果是锁定透明的图层，则像素会变为背景色。

（1）容差。用来控制擦出颜色的范围。数值越大，每次擦除的颜色范围就越大。

（2）连续。如果选中该复选框，橡皮擦将只擦除图像中和鼠标单击点相似并邻近的部分，否则，将擦除图像中所有和鼠标单击点相似的像素。

任务实现

（1）执行"文件"—"打开"菜单项，打开需要处理的图像。在"图层"面板中，将"背景"图层拖拽至"图层"面板中的创建新图层的按钮，得到"背景副本"图层，"图层"面板状态如图 4-98 所示。

（2）单击工具箱中的快速蒙版模式编辑按钮，选择工具箱中的画笔工具，在其工具选项栏中设置合适的笔刷大小，在图像中的衣服上涂抹，涂抹完毕后得到的图像效果如图 4-99 所示。

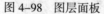

图 4-98　图层面板　　　图 4-99　使用快速蒙版后用画笔涂抹衣服

（3）选择工具箱中的橡皮擦工具，在其工具选项栏中设置合适的硬角笔刷，在图像中多余处擦除，擦除完毕后得到的图像效果如图 4-100 所示。

（4）单击工具箱中的标准模式编辑按钮，调出其选区，按快捷键 Shift+I 将选区反选，图像效果如图 4-101 所示。

（5）单击"图层"面板上的创建新的填充或调整图层按钮，在弹出的下拉菜单中选择"色相/饱和度"选项，在"调整"面板中设置参数如图 4-102 所示，图层面板状态如图 4-103 所示。调整服装颜色后的效果如彩图 25 所示。

图 4-100　用橡皮擦除涂抹不合适的区域

图 4-101　将衣服设置为选区

图 4-102　调整色相/饱和度

图 4-103　图层面板状态

技能训练

1. 将图 4-104 所示数码照片中的黄色花朵调整为红色。

2. 将图 4-105 所示数码照片中的黄色蝴蝶调整为蓝绿色。

图 4-104　黄色花朵照片

图 4-105　蝴蝶照片

3.利用画笔绘制如图 4-106 所示的风景插画

图 4-106　风景插画

提示：（1）地上的小草用草笔刷直接画就行了，在画笔选项里把前后背景色的值设大一点，然后选暗绿做前景色，浅绿做背景，按下左键拖曳鼠标即可。天空用 600px 的浅蓝色的软圆点画笔，从左向右拉一道，再缩小画笔，选白色，随便涂几个就出现了云朵。然后选择枫叶笔尖图案，和草一样要设置背景色，分别为红黄，最后点几下，做落叶状。

（2）使用"高斯模糊"滤镜优化选区或整个图像，通过平衡图像中已定义的线条和清晰边缘旁边的像素，使变化显得柔和。

≡≡≡≡ 任务六　用历史记录艺术画笔制作油画 ≡≡≡≡

任务描述 ///

将彩图 26 所示的数码照片，使用历史记录艺术画笔进行处理，成为彩图 27 所示的油画效果。

理论知识 ///

历史记录画笔工具一共包含 2 个选取工具，分别是历史记录画笔工具和历史记录艺术画笔工具，如图 4-107 所示。

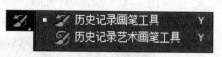

图 4-107　历史记录画笔工具

1.历史记录画笔工具

该工具是与"历史记录"控制面板结合起来使用的，主要用于将图像的部分区域恢复到以前某一历史状态，以形成特殊的图像效果。其设置栏如图 4-108 所示。

图 4-108　历史记录画笔工具设置栏

2. 历史记录艺术画笔工具

该工具与历史记录画笔工具的用法基本相同，区别在于历史记录艺术画笔工具可以产生艺术效果，其设置栏如图 4-109 所示。

图 4-109　历史记录艺术画笔工具设置栏

任务实现

（1）执行"文件"—"打开"菜单项，打开需要处理的图像。执行"窗口"—"历史记录"命令，打开"历史记录"面板，单击面板右上方的 ，在弹出的快捷菜单项中选择"新建快照"菜单项，在弹出的对话框中进行设置，如图 4-110 所示，单击"确定"按钮。

（2）在"图层"面板中，单击创建新图层的按钮 ，将新建的图层命名为"黑色填充"，将不透明度设为 80%。将前景色设为黑色，按 Alt+Delete，用前景色填充该图层，效果如图 4-111 所示。

图 4-110　新建快照

图 4-111　黑色填充、不透明度为 80%

（3）在"图层"面板中，单击创建新图层的按钮 ，将新建的图层命名为"向日葵"。选择历史记录艺术画笔工具 ，在设置栏中单击"画笔"右侧的按钮 ，在弹出的画笔选择面板中单击右上方的设置按钮 ，在弹出的快捷菜单中选择"干介质"项，此时弹出如图 4-112 所示的对话框，单击"确定"按钮。

（4）在画笔面板中选择如图 4-113 所示的画笔形状，将"主直径"设为 120px，按图 4-114 设置画笔属性，在"向日葵"图层中拖曳鼠标绘制向日葵。拖曳的效果如图 4-115 所示。

图 4-112　询问是否添加干介质画笔

图 4-113　设置画笔大小及形态

图 4-114　设置历史记录艺术画笔

（5）单击"黑色填充"和"背景"图层前面的 ，将这两个图层隐藏，观看当前绘制的情况。继续拖曳鼠标涂抹，直到笔刷铺满图像窗口。恢复刚才隐藏的两个图层，如图4-116所示。

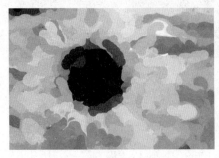
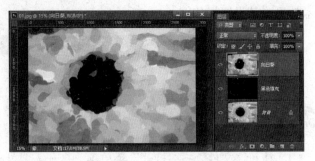

图4-115　拖曳绘画结果　　　　　　　　　图4-116　拖曳绘画最终结果

（6）调整图像颜色。

1）执行"图像"—"调整"—"色相/饱和度"命令，在弹出的窗口中进行设置，如图4-117所示。

2）在"图层"面板中，将"向日葵"图层拖拽至"图层"面板中的创建新图层的按钮 ，得到"向日葵副本"图层，执行"图像"—"调整"—"去色"命令，将图像去色，如图4-118所示。

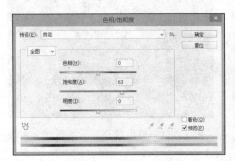
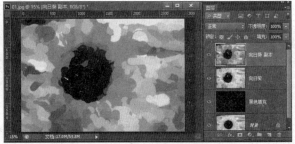

图4-117　调整"色相/饱和度"　　　　　　图4-118　图像去色

3）在"图层"面板中，将"向日葵副本"图层的混合模式设为"叠加"，如图4-119所示。

4）执行"滤镜"—"风格化"—"浮雕效果"命令，在弹出的对话框中进行设置，如图4-120所示，设置后单击"确定"按钮。此时，得到了如彩图27所示的油画效果。

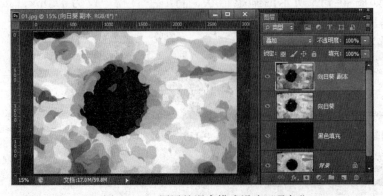

图4-119　图层的混合模式设为"叠加"　　　图4-120　设置浮雕效果

技能训练

1. 用历史记录艺术画笔将图 4-121 的示的数码照片制作为油画效果。

2. 用历史记录艺术画笔将图 4-122 所示的照片制作为如图 4-123 所示的水墨画。

提示：使用之前需要先新建一个图层，填充灰色，然后用直径较小的记录画笔涂抹即可产生神奇的效果。

（1）按 Ctrl+J 复制一层，Shift+Ctrl+L 自动色阶。

（2）创建历史记录的快照。

（3）新建图层 1，选择中性灰填充图层。

（4）选择历史记录艺术画笔工具，画笔大小设置为 5，在新建的中性灰图层 2 上拖曳、涂抹。

（5）选中图层 1，图层混合模式改为叠加。

（6）执行"滤镜"—"模糊"—"特殊模糊"。

图 4-122 风景原图

图 4-123 水墨画效果

任务七　用图章工具打造节日气氛

任务描述

使用图案图章工具，将雪花图案刻印在原有的彩图 28 上，制造出节日气氛，如彩图 29 所示。

理论知识

图章工具一共包含 2 个选取工具，分别是仿制图章工具和图案图章工具，如图 4-124 所示。

1. **仿制图章工具**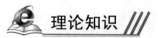

使用该工具可以从图像中取样，然后将取样应用到其他图像或者本图像上，产生类似复制的效果，其设置栏如图 4-125 所示。

图 4-124 图章工具

图 4-125 仿制图章工具的设置栏

（1）取样的方法。按住 Alt 键在图像上单机鼠标设置取样点，然后松开鼠标，将鼠标指针移动到其他位置，当再次按下鼠标时，会出现一个"+"符号表明取样位置，并且和仿制图章工具相对应，拖动鼠标即可将取样位置的图像复制下来。如图 4-126 所示为复制前后的图像效果比较。

（2）对齐。如果不选中该复选框，在复制过程中一旦松开鼠标，就表示这次的复制工作结束，当再次按上鼠标时，表示复制重新开始，每次复制都从取样点开始；如果选中该复选框，则下一次复制的位置会和上一次的完全相同，图像的复制不会因为终止而发生错位。

图 4-126　复制前后的图像比较

2. 图案图章工具

使用该工具可以将各种图案填充到图像中，其设置栏如图 4-127 所示。其设定和仿制图案工具设置栏类似，不同的是图案图章工具直接以图案进行填充，不需要进行取样。

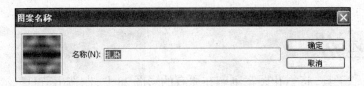

图 4-127　图案图章工具的设置栏

使用图案图章工具，首先需要定义一个图案。方法：选择一个没有被羽化的矩形，然后执行菜单项的"编辑"—"定义图案"命令，在弹出的"图案名称"对话框中填写名称，如图 4-128 所示，最后单击"确定"按钮即可。定义好图案后，可以直接用图案图章工具在图像内进行绘制，图案是可以进行整齐排列的。

图 4-128　设置"图案名称"

（1）对齐。选中该复选框，无论在复制过程中停顿了多少次，最终的图案位置都会非常整齐，如果取消选中该复选框，则一旦图案图章工具在使用过程中中断，当再次开始时图案将无法以原先的规则排列。

（2）印象派效果。选中该复选框，复制出的图案将产生印象派画般的效果。

任务实现 ///

（1）执行"文件"—"打开"菜单项，打开"雪花"素材图像。双击"背景"图层名称，将该图层解锁，此时图层自动更名为"图层 0"。使用"魔棒工具"将白色的背景设为选区，如图 4-129 所示。接着，按下 Delete 键，将白色背景删除，再按 Ctrl+D 取消选区，如图 4-130 所示。

图 4-129　将白色背景设为选区　　　　图 4-130　删除背景

（2）执行"编辑"—"定义图案"命令，将图案命名为"雪花"，如图 4-131 所示。

（3）执行"文件"—"打开"菜单项，打开要处理的原图像，双击"背景"图层名称，将该图层解锁，此时图层自动更名为"图层 0"。选择"图案图章工具"，在设置栏中设置图案为"雪花"，如图 4-132 所示，在原图中涂抹。在涂抹过程中，可以通过调节图案图章工具画笔的大小、硬度、不透明度以及流量，实现不同形态的雪花，如彩图 29 所示。

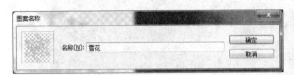

图 4-131　定义图案　　　　　　　　图 4-132　选择"雪花"图案

技能训练

1. 使用仿制图章工具，将图 4-133 所示数码照片中破损的部分进行修补，修补后的效果如图 4-134 所示。

图 4-133　破损的照片　　　　　　　图 4-134　修复后照片

2. 使用仿制图章工具，修复图 4-135 中破损的叶片。

3. 实现人像美容特效：去除如图 4-136 所示的图像中人脸部的雀斑。

图 4-135　破损的树叶　　　　　　　图 4-136　需要美容的人脸图像

4. 将图 4-137 所示的蒲公英种子制作为"图案图章"，将这些图案绘制在图 4-138 所示的素材图片，制作出如图 4-139 所示的蒲公英飞舞效果。

图 4-137　蒲公英种子图像　　　　　　图 4-138　蒲公英素材图片

图 4-139　制作完成的蒲公英飞舞效果

任务八　用渐变工具制作雨后彩虹

任务描述

使用渐变工具在彩图 30 所示的风景图像中制作雨后彩虹，效果如彩图 31 所示。

理论知识

油漆桶工具一共包含 2 个选取工具，分别是渐变工具和油漆桶工具，如图 4-140 所示。

图 4-140　油漆桶工具

1. 渐变工具

该工具用来填充渐变色，其设置栏如图 4-141 所示。

	模式：正常	不透明度：100%	反向 ✓仿色 ✓透明区域

图 4-141　渐变工具的设置栏

使用该工具的方法是按住鼠标左键拖动形成一条直线，直线的长度和方向决定了渐变填充的区域和方向。如果有选区，则渐变作用于选区之中；如果没有选区，则渐变应用于整个图像。

（1）单击　　　　　渐变颜色条右面的小黑三角，弹出"渐变"面板，可以选择需要的渐变样式，如图 4-142 所示。

（2）如果需要编辑渐变，可以单击　　　　　渐变颜色条，在弹出的如图 4-143 所示的"渐变编辑器"对话框中进行设置。Photoshop CS6 提供了　　（线性渐变）、　　（对称渐变）、　　（角度渐变）、　　（对称渐变）、　　（菱形渐变）5 种渐变类型。

图 4-142　"渐变"面板

图 4-143　"渐变编辑器"对话框

在图 4-144 所示的渐变色设置条的上下分别有 2 排游标，上面的游标是控制颜色范围的，下面是控制颜色的，若没什么特殊要求，可以不移动上面的游标。现在把鼠标移动到色条的下面一点的空白处，鼠标会变成手指的形状，单击可创建一个新的游标（如果创建多了，可将多余的游标拖动到离色条远点的地方即可删除）。用鼠标分别选中并且拖动，让它们尽量成为两边顶头，中间等分的样子（两等分）。接下来就是分别选中下面的游标，双击可弹出取色器，选取需要的颜色。另外也可以打开需要的那张图，选中第一个游标后用吸管工具选颜色，调整好颜色后选择"好"确定。

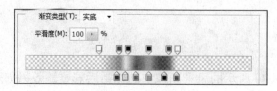

图 4-144　渐变色调置条

2. 油漆桶工具

使用该工具可以根据像素颜色的近似程度来填充颜色，填充的颜色为前景色或者连续图案。油漆桶工具的设置栏如图 4-145 所示。

图 4-145　油漆桶工具的设置栏

（1） （填充）后面的下拉列表框。包括"前景"和"图案"两个选项。如果选择"前景"选项，则在图像中填充的是前景色；如果选择"图案"选项，则在后面的图案弹出面板中可以选择需要的图案。

（2）模式。用来定义填充和图像的混合模式。

（3）不透明度。用来定义填充的不透明度。

（4）容差。用来控制油漆桶工具每次填充的范围。数值越大，所允许填充的范围越大。

（5）消除锯齿。选中该复选框后，用来使填充的边缘保持平滑。

（6）连续的。选中该复选框后，填充区域是与鼠标单击点相似并连续的部分，否则，填充区域是所有和鼠标单击点相似的像素，而不管是否和鼠标单击点连续。

（7）所有图层。选中该复选框后，不管当前在哪个图层上进行操作，所使用的油漆桶工具会对所有图层都起作用。

任务实现 ///

（1）执行"文件"—"打开"命令，打开素材图片。在图层面板中新建一个名为"图层 1"的图层，在图层面板中将背景图层隐藏。

（2）选择"渐变工具"，点击渐变颜色条，打开渐变编辑器，选择"透明彩虹渐变"模式，然后调整滑块至如图 4-146 所示。

（3）颜色设置完成后，在工具设置栏中选择"径向渐变"，如图 4-147 所示。按住鼠标左键从下往上拖动得到一个渐变填充的彩虹效果，如图 4-148 所示。

（4）将背景图层设置为显示，适当调整一下彩虹的位置，如图 4-149 所示。用橡皮工具和模糊工具来修饰一下彩虹，用自由变化适当调整彩虹，如图 4-150 所示。最后调整彩虹所在的"图层 1"的不透明度为 50%，如图 4-151 所示。

图 4-146 "渐变编辑器"面板

图 4-147 选择"径向渐变"

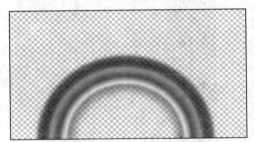

图 4-148 得到彩虹效果

图 4-149 调整彩虹的位置

图 4-150 用橡皮工具和模糊工具彩虹效果

图 4-151 调整彩虹所在图层的不透明度

技能训练

1. 为图 4-152 所示素材风景图像打造一道彩虹。

图 4-152 风景图像

2. 为图 4-153 婚纱照图像进行修饰，绘制黄色至蓝色的渐变色，使用画笔绘制蝴蝶及花朵如图 4-154 所示。

图 4-153　婚纱照原图像　　　　　　　　图 4-154　修饰后的效果图

提示：（1）新建一个图层设置好渐变色后，从图像左上角向右下角拖动鼠标，形成黄、红、蓝三色渐变图层。

（2）在渐变色图层中，绘制"羽化"值为 30 椭圆形选区，将该选区删除，便可露出背景图层的新娘，如图 4-155 所示。

（3）如图 4-156 所，将"特殊效果画笔"添加到画笔图库中，分别选择蝴蝶（29）和飞花（69）图案，设置好形状和颜色动态后，在渐变色图层进行绘制。

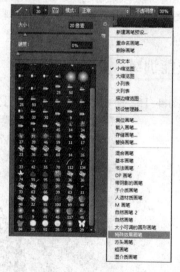

图 4-155　删除椭圆选区后效果　　　　图 4-156　将"特殊效果画笔"添加到图库

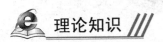

任务九　用模糊和减淡工具调整装饰画

任务描述

利用模糊工具和减淡工具，将彩图 32 所示的颜色过深的装饰画调整为如彩图 33 所示的色彩淡雅的装饰画。

理论知识

一、模糊工具

模糊工具一共包含 3 个选取工具，分别是模糊工具、锐化工具和涂抹工具，如图 4-157 所示。

图 4-157　模糊工具

1. 模糊工具 和锐化工具

使用模糊工具可以降低相邻像素的对比度，将较硬的边缘软化，使图像柔和；而使用锐化工具则正好相反，可以增加相邻像素的对比度，将较软的边缘明显化。这两种工具的设置栏相似，如图 4-158 所示。图 4-159 分别为使用这两个工具后的效果图。

图 4-158　模糊工具的设置栏

（a）　　　　　　　　　　（b）　　　　　　　　　　（c）

图 4-159　使用模糊工具和锐化工具后的效果图
（a）原图像；（b）使用模糊工具的效果；（c）使用锐化工具的效果

（1）强度。表示工具的使用效果，强度越大，该工具的处理效果越明显。

（2）对所有图层取样。模糊和锐化工具对所有图层上的像素都起作用。

2. 涂抹工具

该工具用于模拟用手指涂抹油墨的效果，其设置栏如图 4-160 所示。用涂抹工具在颜色的交界处进行涂抹，会产生一种相邻颜色互相挤入的模糊感。图 4-161 为使用涂抹工具后的效果图。

图 4-160　涂抹工具的设置栏

图 4-161　使用涂抹工具前后的效果对比

二、减淡工具

减淡工具一共包含 3 个选取工具，分别是减淡工具、加深工具和海绵工具，如图 4-162 所示。

图 4-162　模糊工具

1. 减淡工具

该工具通过提高图像的亮度来校正曝光，类似于加光操作。其设置栏如图 4-163 所示。

图 4-163　减淡工具的设置栏

（1）范围。在其下拉列表框可以选择"暗调"、"中间调"或"高光"分别进行减淡处理。

（2）曝光度。控制减淡工具的使用效果，曝光度越高，效果越明显。

（3）喷枪。激活该按钮，可以使减淡工具有喷枪效果。

2. 加深工具

该工具的功能与减淡工具相反，可以降低图像的亮度，通过加暗来校正图像的曝光度。其设置栏与减淡工具相同。

3. 海绵工具

使用该工具可以精确地更改图像的色彩饱和度，使图像的颜色变得更加鲜艳或更灰暗，其设置栏如图 4-164 所示。

图 4-164　海绵工具的设置栏

（1）模式。该下拉列表框包含两个选项，"降低饱和度"可以减少图像中某部分的饱和度，而"饱和"将增加图像中某部分的饱和度。

（2）流量。用来控制加色或者去色的程度。

任务实现 ///

（1）执行"文件"—"打开"命令，打开素材图片。双击"背景"图层名称，将该图层解锁，此时图层自动更名为"图层 0"。

（2）选择减淡工具 ，在其设置栏中选择一个大小合适的笔刷，如图 4-165 所示，使用减淡工具在花蕊和根茎进行涂抹，效果如图 4-166 所示。

（3）选择模糊工具 ，在其设置栏中选择一个大小合适的笔刷，如图 4-167 所示，使用模糊工具在花蕊和根茎进行涂抹，最终的效果如彩图 33 所示。

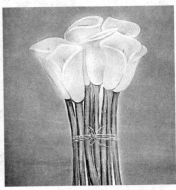

图 4-165　为减淡工具设置笔刷　　图 4-166　使用减淡工具后的效果　　图 4-167　为模糊工具设置笔刷

技能训练 ///

1. 利用减淡和模糊工具对图 4-168 所示的装饰画进行调整，使其色彩变柔和。

2. 利用锐化工具，将图 4-169 所示的素材图片进行处理，使蜜蜂身上的绒毛及翅膀的图案更加清晰。

图 4-168　睡莲原图　　　　　　　　　图 4-169　蜜蜂原图

≡≡≡≡ 任务十　使用路径实现数码照片拼图效果 ≡≡≡≡

任务描述 ///

把彩图 34 的照片制作出如彩图 35 的拼图效果。要想实现这一效果，需要自行绘制出拼图块的形状，利用自定义图案填充后，使用路径套选若干块拼图块并将其移动到照片的其他位置上。

理论知识 ///

一、路径

路径可以是一个点、一条直线或者一条曲线，可以很容易地被重新修整，其主要特点体现在以下几个方面：

（1）路径是矢量的线条，因此无论放大或者缩小都不会影响它的分辨率或者平滑度。

（2）路径可以被存储起来。

（3）可以将路径复制或者粘贴的方式在 Photoshop CS6 文件间互相交换，也可以和其他矢量软件互相交换信息，如 Illustrator 等。

（4）可以使用路径编辑出平滑的曲线，然后转变成选区进行编辑，也可以直接沿着路径描绘或者添色。

二、路径的相关术语

1. 锚点
路径是由锚点组成的。锚点是定义路径中每条线段开始和结束的点，通过它们来固定路径。

2. 路径分类
路径分为开放路径和闭合路径，如图 4-170 所示。

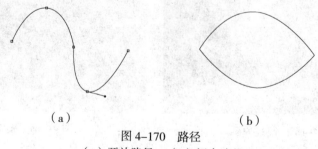

（a）　　　　　　　　　　　　　　（b）

图 4-170　路径

（a）开放路径；（b）闭合路径

3. 端点
一条开放路径的开始锚点和结束锚点称为端点。

三、使用钢笔工具创建路径

1. 绘制直线

使用钢笔工具可以绘制最简单的线条——直线。绘制直线路径的操作步骤如下。

（1）选择工具箱中的 （钢笔工具），选择类型为 路径，如图 4-171 所示。

图 4-171　钢笔工具的设置栏

（2）单击画面，确定路径的起始点。

（3）移动鼠标位置，再次单击，从而绘制出路径的第 2 个点，而两点之间将自动以直线连接。

（4）同理，绘制出其他点，如图 4-172 所示。

2. 绘制曲线

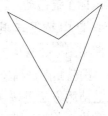
图 4-172　绘制其他点

使用 （钢笔工具），在单击鼠标时并不松开鼠标，而是拖动鼠标，可以拖动出一条方向线，每一条方向线的斜率决定了曲线的斜率，每一条方向线的长度决定了曲线的高度或者深度。

连续弯曲的路径呈连续的波浪形状，是通过平滑点来连接的，非连续弯曲的路径是通过角点连接的，如图 4-173 所示。

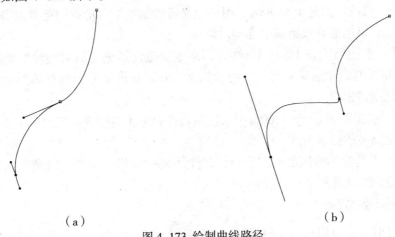

（a）　　　　　　　　　　　　　　（b）

图 4-173　绘制曲线路径
（a）平滑点；（b）角点

绘制曲线路径的操作步骤如下：

（1）选择工具箱中的 （钢笔工具），选择类型为 路径，然后将笔尖放在要绘制曲线的起始点，按住鼠标左键进行拖动，释放鼠标即可形成第 1 个曲线锚点。

（2）将鼠标移动到下一个位置，按下鼠标左键拖动，得到一段弧线。

（3）同理，继续绘制，从而得到一段波浪线。

（4）若要结束一段开放路径，可以按住 Ctrl 键单击路径以外的任意位置；若要封闭一段开放路径，可以将 （钢笔工具）放到第 1 个锚点上，此时钢笔的右下角会出现一个小圆圈，单击可以封闭开放路径。

3. 添加、删除和转换锚点工具

通过添加、删除和转换锚点可以更好地控制路径的形状，从而创建出更加灵活多样的形状，Photoshop CS6 提供了多种路径编辑工具。

（1）添加锚点工具 。使用该工具在路径片段上单击时，可以增加一个锚点。

（2）删除锚点工具 。与添加锚点工具的使用方法相同，效果相反。

（3）转换锚点工具 。将该工具放到曲线点上，单击可以将曲线点转换成曲线锚点；反之，则可以将直线点转换化成曲线点。另外，将转换锚点工具放到方向端部的方向点上，按住鼠标左键拖动，可改变方向线的方向。

4. 自由钢笔工具

使用 （自由钢笔工具）就像使用铅笔工具在纸上画线一样，多用于按已知图形描绘路径。自由钢笔工具的选项栏如图 4-174 所示。

图 4-174　钢笔工具设置栏

其使用方法是按住鼠标左键拖动，开始形成线段，松开鼠标，线段终止。若想继续画出路径，将鼠标指针放到上一次的终止锚点上，按住鼠标左键拖动就可以将两次画的路径连接起来。在封闭路径时，只要将鼠标指针拖动到起点就可以了。

（1）曲线拟合。数值范围是 0.5 ～ 10px，代表曲线上的锚点数量。数值越大，表示路径上的锚点越多，路径越符合所绘制的曲线。

（2）宽度。数值范围是 1 ～ 40px，用来定义磁性钢笔工具检索的距离范围。数值越大，寻找的范围越大，可能会导致边缘的准确度降低。

（3）对比。数值范围是 1% ～ 100%，用来定义磁性钢笔工具对边缘的敏感程度。如果输入的数值较高，则磁性钢笔工具只能检索到和背景对比度非常大的物体的边缘；反之，可以检索到低对比度的边缘。

（4）频率。数值范围是 0 ～ 100，用来控制磁性钢笔工具生成固定点的多少。频率越高，越能更快地固定路径的边缘。

将自由钢笔工具放到不同的锚点上可以产生不同的效果。例如，放到锚点上可以变成删除锚点工具，放到曲线片段上可以变成添加锚点工具等。

5. 移动和调整路径

在绘制路径时，可以快速调整路径，在使用 （钢笔工具）时按住 Ctrl 键可切换到直接选择工具，选中路径片段或者锚点后可以直接调整路径。

（1）直接选择工具。选中锚点拖动可以改变锚点的位置；选中路径片段拖动可以改变路径片段的曲度；选中调节线的端点可以改变调节线的方向和长度。如果按住 Shift 键，可以同时选中多个锚点，此时拖动该路径片段可以改变该路径片段的位置。

（2）路径选择工具。可以改变整个路径的位置。

四、"路径"面板的使用

1. 用前景色填充路径

在单击 （用前景色填充路径）按钮的时候，按住 Alt 键，可以弹出如图 4-175 所示的

"填充路径"对话框。此时在"使用"后的下拉列表框中选择"前景色"选项，单击"确定"按钮，即可用前景色填充路径。

2. 用画笔描边路径

在单击 （用画笔描边路径）按钮的时候，按住 Alt 键，可以弹出如图 4-176 所示的"描边路径"对话框。此时在"工具"后的下拉列表框中选择相应的画笔工具，如图 4-177 所示，单击"确定"按钮，即可用选择的画笔工具描边路径。

3. 将路径作为选区载入

在单击 （将路径作为选区载入）按钮的时候，按住 Alt 键，可以弹出"建立选区"对话框，如图 4-178 所示。

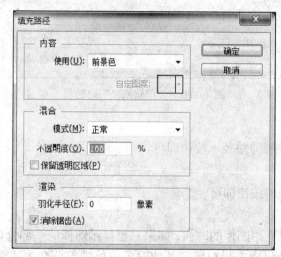

图 4-175 "填充路径"对话框

图 4-176 "描边路径"对话框

图 4-177 选择画笔

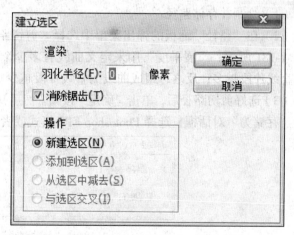

图 4-178 "建立选区"对话框

4. 从选区生成工作路径

在单击 （从选区生成工作路径）按钮的时候，按住 Alt 键，可以弹出"建立工作路径"对话框，如图 4-179 所示。容差的取值范围为 0.5 ～ 10px，容差值越大，转换后的路径锚点越小，路径越不精细；反之，路径越精细。

5. 创建新路径

如果用 ![钢笔工具]（钢笔工具）创建一个新路径，在"路径"面板上将自动创建一个"工作路径"图层。但是当重新创建一个新路径时，该路径图层将自转换成新创建的路径，原来的路径会自动消失。此时，如果要保留前一个路径，可以将其存储起来，存储路径的方法有以下两种：

（1）双击该"路径"面板中的工作路径名称，对路径名称进行更改，此时系统将该工作路径存储为用户命名的路径。

（2）单击"路径"面板的弹出菜单，选择"存储路径"命令，在弹出"存储路径"对话框中输入名称，单击"确定"按钮进行确认，如图 4-180 所示。

 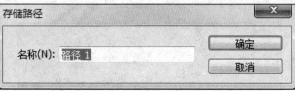

图 4-179　"建立工作路径"对话框　　　　图 4-180　"存储路径"对话框

6. 删除当前路径

将需要删除的路径图层拖动到 ![删除当前路径]（删除当前路径）按钮即可。

7. 复制路径

将要复制的路径拖动到 ![创建新路径]（创建新路径）按钮即可。

8. 剪切路径

打印 Photoshop CS6 图像或将它置入其他应用图像的时候，如果只想显示图像的一部分（如不显示图像的背景等），可以使用剪切路径隔离前景对象，并使对象以外的部分变为透明。具体操作步骤如下：

（1）绘制并存储路径。

（2）在"路径"面板的弹出菜单中选择"剪切路径"命令，弹出"剪切路径"对话框，如图 4-181 所示。"展平度"用来定义曲线有多少个直线片段组成，数值越小，表明组成曲线的直线片段越多；反之，组成曲线的直线片段越少。

（3）选好剪切路径后，单击"确定"按钮。然后执行菜单中的"文件"—"存储为"命令，弹出"存储为"对话框，选择 Photoshop EPS 格式或者 TIFF 格式，单击"保存"按钮。

图 4-181　"剪贴路径"对话框

![任务实现图标] 任务实现 ///

（1）新建透明背景的文件

新建透明背景的文件，用于绘制拼图的基本形状。选择"文件"—"新建"菜单项，在弹出的对话框中设置名称为"拼图基本形状"，背景为透明，并设置好其他参数，如图 4-182 所示，单击"确定"按钮，新建一个文件。

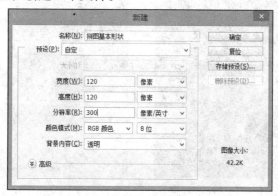

图 4-182　新建透明背景的文件

（2）绘制拼图基本形状

1）选择工具箱中的 （矩形选框工具），然后单击工具选项栏的 （新选区）按钮，并在工具选项栏中设置相关参数，定义好一个长和宽分别为60px的固定选区，如图 4-183 所示。

图 4-183　工具选项栏中设置参数

2）在文件窗口的左上角单击调选区的位置，使选区的左上角与图像的原点坐标（0，0）重合，如图 4-184 所示。

3）设置固定选区的"前景色"为绿色。设置颜色参考值为 CMYK（70，0，92，0），按快捷键 Alt+Delete 将选区填充为绿色，如图 4-185 所示，取消选区。

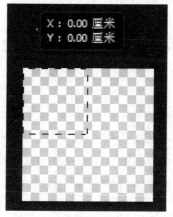

图 4-184　绘制正方形选区

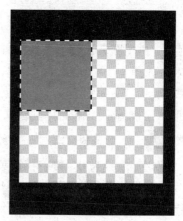

图 4-185　设置的"前景色"为绿色

4）选择工具箱中的 （画笔工具），设置画笔的大小和硬度，如图 4-186 所示，然后在图 4-187 的位置单击，绘制一个圆点，绘制圆点的画笔对应的工具选项栏设置如图 4-188 所示。接着选择工具箱中的 （椭圆工具），在工具选项栏中设置参数，如图 4-189 所示，再在画面中单击并调整选区位置，如图 4-190 所示。最后按 Delete 键删除选区内容，此时一个基本的拼图形状就出现了，如图 4-191 所示。

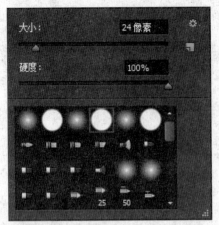

图 4-186　设置画笔的大小和硬度

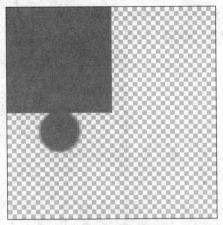

图 4-187　绘制圆点

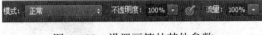

图 4-188　设置画笔的其他参数

图 4-189　在工具选项栏中设置参数

图 4-190　绘制圆形选区

图 4-191　拼图基本形状

　　5）选取第一个拼图图案，然后按快捷键 Alt+Shift 将其水平复制，再按快捷键 Ctrl+T 调整其方向，最终效果如图 4-192 所示。

　　（3）将基本形状定义为图案

　　拼图基本形状绘制好后，下面将其定义为图案，以便在画面中进行连续与自动地填充。选择工具箱中的　　（矩形选框工具），将绘制好的拼图图案（图 4-192）选中，注意要将工具选项栏中的"羽化"值设为 0。接着执行菜单中的"编辑"—"定义图案"命令，在弹出的"图案名称"对话框中将名称设置为"拼图块"，如图 4-193 所示，点击"确定"按钮。

　　（4）制作照片的拼图效果

　　1）执行"文件"—"打开"菜单项，打开素材图片。单击"图层"面板下方的　　（创建新图层）按钮，新建一个名为"拼图"的新图层，如图 4-194 所示。执行"编辑"—"填充"菜单项，在弹出的"填充"对话框中设置要填充的内容为刚才制作好的拼图图案，如图 4-195 所示，单击"确定"按钮，可以看到"拼图"图层被填充了拼图图案，如图 4-196 所示。

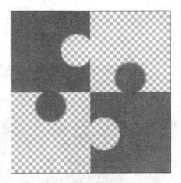

图 4-192 最终生成的拼图图案

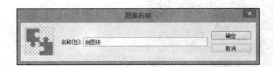

图 4-193 拼图基本形状

图 4-194 新建图层"拼图"

图 4-195 "填充"对话框的设置

图 4-196 填充图案后

2）使拼图呈现出浮凸效果。选中"拼图"图层，然后单击"图层"面板下方的 fx（设置图层样式）按钮，在弹出的快捷菜单中选择"斜面和浮雕"命令，再在弹出的"图层样式"对话框中设置参数，如图 4-197 所示，单击"确定"按钮，此时拼图图案边缘便有了立体化的效果，如图 4-198 所示。

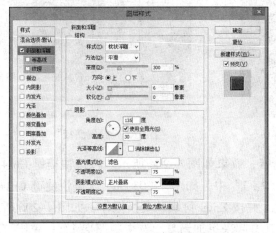

图 4-197 设置"斜面和浮雕"样式

图 4-198 最有立体效果的拼图

3）执行"图像"—"调整"—"去色"菜单项，将图案转为灰色调，拼图块原有的绿色不见了。然后在"图层"面板中将"拼图"图层的"混合模式"设置为"变暗"，此时灰色块与底图发生有趣的重叠效果，如图 4-199 所示。接着执行"图像"—"调整"—"亮度 / 对比度"菜单项，在弹出的"亮度 / 对比度"对话框中加大拼图块的亮度，如图 4-200 所示，单击"确定"按钮，此时只留下了拼图块清晰的边缘，效果如图 4-201 所示。最后按快捷键 Ctrl+E 向下合并图层为"背景"图层。

图 4-199　色块与底图重叠　　　　图 4-200　设置亮度参数　　　　图 4-201　调整亮度后效果

（5）制作块散落的拼图块

1）双击"背景"图层名称，将该图层解锁，此时图层自动更名为"图层 0"，如图 4-202 所示。选择工具箱中的 ，设置工具选项栏中选择 路径 类型，接着在画面中沿一块拼图的边缘绘制路径，如图 4-203 所示。按快捷键 Ctrl+Enter 将路径转换为选区。

图 4-202　将背景图层解锁　　　　　　　　图 4-203　绘制路径

2）按快捷键 Ctrl+X 剪切选区的内容，效果如图 4-204 所示。再按快捷键 Ctrl+V 将剪贴板的内容自动粘贴到一个新的图层"图层 1"中，如图 4-205 所示。按快捷键 Ctrl+T 调出自由变换控制框，调整图像的位置及角度，并按 Enter 键确认变换操作，如图 4-206 所示。

3）为散落的拼图块设置投影，使其看起来更加逼真。选中"图层 1"，单击"图层"面板下方的 （设置图层样式）按钮，在弹出的快捷菜单中选择"投影"命令，再在弹出的"图层样式"对话框中设置参数，如图 4-207 所示，单击"确定"按钮，此时散落的拼图块便有了浮在其他拼图之上的立体感，如图 4-208 所示。

4）同理，再通过剪切与粘贴的方式，制作几块散落的小拼图，将它们分散摆放在图像中各处。至此，数码照片的拼图效果就完成了，如彩图 35 所示。

图 4-204 剪切选区内容

图 4-205 粘贴到图层 1

图 4-206 调整位置和角度

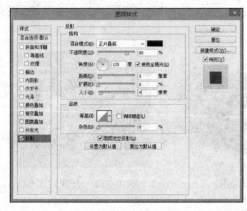

图 4-207 调整位置和角度

图 4-208 有立体感的散落拼图块

技能训练

1.利用路径将如图 4-209 所示的素材图片制作为如图 4-210 所示的邮票。

提示：（1）设置前景色为棕红色 RGB（160，10，15），填充图层后作为邮票的背景底色。

（2）把素材图像拖入后，使用矩形选框工具在画面上框选出比素材图片略大的区域，将其填充为白色，并将该图层（图层 2）拖动到"小狗"图层的下方。

（3）保持选择状态，切换到"路径"面板，单击（从选区生成工作路径）按钮，从选区切换为工作路径；选择并设置一个圆形笔头的画笔工具，回到"路径"面板，确定选中外框路径，单击"路径"面板下方的（用画笔描边路径）按钮，对路径进行描边。

（4）确定当前为"图层 2"，使用魔棒工具选中描边的部分，按 Delete 键，将描边的外半边删除，此时出现邮票的锯齿边缘。

（5）单击"图层"面板下方的（添加图层样式）按钮，在弹出的"图层样式"对话框中设置"投影"参数。图层面板如图 4-211 所示。

图 4-209　素材图像　　　　　　图 4-210　邮票效果　　　　　　图 4-211　图层面板

2. 利用钢笔工具创建路径，现将路径转换为选区，将图 4-212 和图 4-213 所示的鼠标及汽车进行合成，实现如图 4-214 所示的效果。

图 4-212　鼠标原图　　　　　　图 4-213　汽车原图　　　　　　图 4-214　合成后图像

≡≡≡ 任务十一　使用文字工具制作商品标签 ≡≡≡

任务描述 ///

使用文字工具和文字蒙版工具将如彩图 36 所示的素材图像，制作出如彩图 37 所示的橄榄油商品标签效果。

理论知识 ///

横排文字工具一共包含 4 个选取工具，分别是横排文字工具、直排文字工具、横排文字蒙版工具和直排文字蒙版工具，如图 4-215 所示。

图 4-215　横排文字工具

1. 横排文字工具 T 和直排文字工具 ↓T

选择"横排文字工具" T，或按 T 键，在页面中单击插入光标，可输入横排文字。选择"直排文字工具" ↓T，可以在图像中建立垂直文本，创建垂直文本工具设置栏和创建横排文本工具设置栏的功能基本相同，如图 4-216 所示。

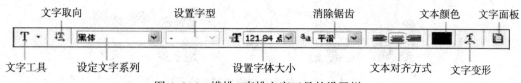

图 4-216 横排 / 直排文字工具的设置栏

执行"窗口"—"字符"和"段落"命令，可以打开"字符"和"段落"面板。利用文字工具输入文字之后，可以利用这两个面板来控制文字和段落的各项设定，如图 4-217 和图 4-218 所示。

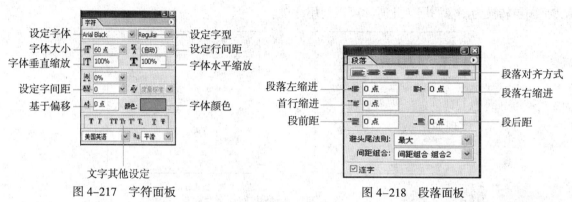

图 4-217　字符面板

图 4-218　段落面板

选择 "横排文字工具" <span>移动到图像窗口中，单击并按住鼠标不放，拖曳鼠标在图像窗口中创建一个段落定界框，插入点显示在定界框的左上角，段落定界框具有自动换行的功能，如果输入的文字较多，当文字遇到定界框时，会自动换到下一行显示，输入文字。如果输入的文字需要分出段落，可以按 Enter 键进行操作，还可以对定界框进行旋转、拉伸等操作。

2. 横排文字蒙版工具和直排文字蒙版工具

横排文字蒙版工具：可以在图像中建立文本的选区，创建文本选区工具设置栏和创建文本工具设置栏的功能基本相同。

直排文字蒙版工具：可以在图像中建立垂直文本的选区，创建垂直文本选区工具设置栏和创建文本工具设置栏的功能基本相同。

当选择"文字蒙版工具"，并设定文字的各项属性，将文字工具移动图像窗口中单击，此时会见到画面呈现红色的蒙版模式。输入文字完成后离开文字工具，则原来的文字蒙版随即转换为文字的选取范围，如图 4-219 所示。此时便可向此选区中粘入其他图像来制作如图 4-220 所示的镂空字。

（a）

（b）

（c）

图 4-219　使用文字蒙版工具
（a）文字蒙版模式；（b）输入文字；（c）建立文字选取范围

图 4-220 使用文字蒙版工具的示例

3. 栅格化文字

执行"图层"—"栅格化"—"文字"命令，或用鼠标右键单击文字图层，在弹出的菜单中选择"栅格化文字"命令，可以将文字图层转换为图像图层，如图 4-221 所示。栅格化后，文字图层转换为图像图层，此时才可以使用滤镜。

（a）   （b）

图 4-221 栅格化文字

（a）原图层；（b）栅格化转换后的图层

点文字与段落文字、路径、形状的转换

执行"图层"—"文字"—"转换为段落文本"命令，将点文字图层转换为段落文字图层；选择菜单"图层"—"文字"—"转换为点文本"命令，将建立的段落文字图层转换为点文字图层。

执行"图层"—"文字"—"创建工作路径"命令，将文字转换为路径。

执行"图层"—"文字"—"转换为形状"命令，将文字转换为形状。

4. 扭曲变形文字

在图像中输入文字，单击文字工具设置栏中的"创建文字变形"按钮，弹出如图 4-222 所示的"变形文字"对话框，在"样式"选项的下拉列表中包含多种文字的变形效果，如图 4-223 所示。

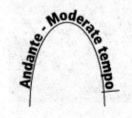

图 4-222 "变形文字"对话框　　　图 4-223 变形文字效果图　　　图 4-224 路径上的文字

5. 在路径上创建文字

选择"钢笔"工具，在图像中绘制一条路径。选择"横排文字工具" ，将鼠标放在路径上，单击路径出现闪烁的光标，此处为输入文字的起始点。输入的文字会沿着路径的形状进行排列。取消"视图 / 显示额外内容"命令的选中状态，可以隐藏文字路径。图 4-224 所示为在路径上创建的文字效果。

任务实现

（1）执行"文件"—"打开"菜单项，打开"橄榄油瓶"素材图片，在图层面板中共有两个图层，如图 4-225 所示。

（2）制作条形码。新建一个图层，将该图层命名为"条形码"，选择"矩形选框工具" ，在"条形码"图层上绘制一个宽 3px、高 30px 的矩形选区，将其前景色设为黑色；紧挨黑色矩形左侧再绘制一个宽 1px、高 30px 的矩形选区，将其前景色设为灰色，如图 4-226 所示。依此方法，绘制出商品的条形码区域，如图 4-227 所示。

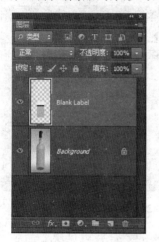
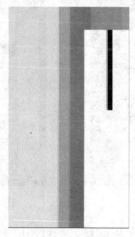

图 4-225　图层面板　　　　图 4-226　绘制条形码　　　　图 4-227　条形码效果

（3）制作镂空文字。在图层面板中新建一个名为"商标文字 OLIO"的图层，选择横排文字蒙版工具 ，在设置栏中设置其字体为"Cooper Std"，字体大小为 68 点，输入文字 OLIO，如图 4-228 所示。执行"文件"—"打开"菜单项，打开橄榄图片。执行 Ctrl+A、Ctrl+C 将该图像全部选中后复制到剪贴板，回到输入好文字的图像，执行"编辑"—"选择性粘贴"—"贴入"命令，此时橄榄图像被粘贴到文字选区范围内，而选区以外的部分被遮挡，此时会在"图层"面板中产生一个新的图层"图层 1"及其蒙版，结果如图 4-229 所示。

（4）输入商标中的其他文字。选择横排文字工具 ，设置字体为 Algerian，字体大小为 24 点，字体颜色 RGB（224，27，39），输入文字 EXTRA VIRGIN，并将其移动到合适的位置；选择直排文字工具 ，设置字体为 Charlemagne Std，字体大小为 24 点，字体颜色 RGB（224，27，39），输入文字 product of italy，并将其移动到合适的位置，如图 4-230 所示。选择横排文字工具 ，设置字体为 Buxton Sketch，字体大小为 60 点，字体颜色为白色，输入文字 Olive Oil，在设置栏选择"创建文字变形"，将变形样式设为"旗帜"后，将其移动到合适的位置；

选择横排文字工具🅣后，在需要输入商品介绍文字的区域绘制一个文本输入框，设置字体为 Arial，字体大小为 11 点，字体颜色为黑色，输入文字商品介绍文字；选择横排文字工具🅣，设置字体为 Buxton Sketch，字体大小为 24 点，字体颜色为白色，输入文字 16 FL Ounces，如图 4-231 所示。

图 4-228　用蒙版文字工具输入商标文字

图 4-229　镂空商标文字效果

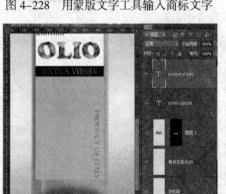

图 4-230　输入商标文字

图 4-231　商标文字输入完毕

（5）制作商标弯曲效果。将背景层隐藏，执行图层面板的"合并可见层"命令，将背景层以外的所有图层合并，如图 4-232 所示。执行"编辑"—"变换"—"变形"命令，此时在商标四周出现 12 个操控点。用鼠标移动最上排和最下排中间的操控点，将商标制作成与瓶子贴合的弯曲效果，如图 4-233 所示。按回车键确认，此时便完成了如彩图 37 所示的商品标签效果。

图 4-232　合并可见层

图 4-233　使用"变形"命令将商标弯曲

技能训练 ///

1. 使用如图 4-234 所示的素材图像，制作如图 4-235 所示的"心情日记"效果。

2. 利用文字路径制作如图 4-236 所示的个性签名。

提示：（1）新建一个文档，以背景色 RGB（60，55，154）填充；选择"横排文字工具" ，输入文字"Good luck"。

（2）新建一个图层，名称为"描边"，然后选中文字层，点击鼠标右键，选择创建工作路径，隐藏文字图层，如图 4-237 和图 4-238 所示，效果如图 4-239 所示。

图 4-234　素材图像

图 4-235　"心情日记"效果

图 4-236　个性签名效果

图 4-237　创建工作路径

图 4-238　隐藏文字层

图 4-239　效果

（3）选择"画笔 "工具，按图 4-240 设置参数。

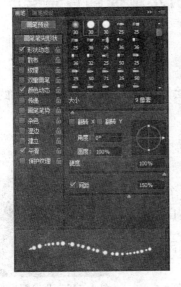

图 4-240　设置画笔

（4）设置前景色 RGB（231，153，24）和背景色 RGB（252，222，4），选中描边图层，打开路径面板，点击鼠标右键，选择描边路径，弹出对话框图 4-241 所示，点击确定，然后在工作路径上右击，选择删除路径。

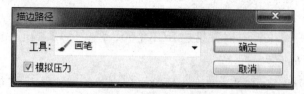

图 4-241　设置描边路径

（4）复制描边图层，选中原来的描边图层，将混合模式改为"点光"。

（5）执行"滤镜"—"模糊"—"高斯模糊"，设半径为 4px。选中描边副本图层，为其添加图层样式，参数如图 4-242 所示。

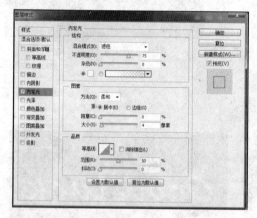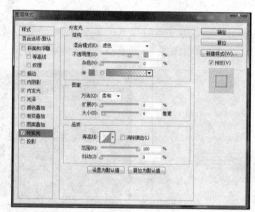

图 4-242　设置图层样式

任务十二　使用几何图形工具绘制儿童插画背景

任务描述

在彩图 38 所示的素材图像基础上，使用几何图形工具绘制图案，得到彩图 39 所示的儿童插画背景。

理论知识

使用几何图形工具可以快速创建各种矢量图形，共包含 6 个工具，如图 4-243 所示。下面以矩形工具█为例来讲解几何图形工具的使用方法。

（1）选择█（矩形工具），然后在其设置栏中选择"形状"选项，如图 4-244 所示，表示新建形状图层。

图 4-243　几何图形工具

（2）路径操作。在设置栏中单击 ▢▾（路径操作）下拉按钮，将显示 ▣（新建图层）、
▣（合并图层）、▣（减去顶层形状）、▣（与形状区域相交）和 ▣（排除重叠形状）
5 个路径操作的工具按钮，如图 4-245 所示，各工具按钮的显示效果如图 4-246 所示。另外，
还有一个将路径操作后的形状进行合并的 ▣（合并形状组件）按钮。

图 4-244　形状图层的设置栏

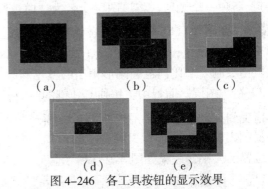

（a）　　　　　（b）　　　　　（c）

（d）　　　　　（e）

图 4-246　各工具按钮的显示效果
（a）新建图层；（b）合并形状；（c）减去顶层形状；
（d）与形状区域相交；（e）排除层叠形状

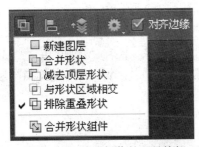

图 4-245　路径操作的工具按钮

（3）在设置栏中选择"路径"选项，表示将产生工作路径，其设置栏如图 4-247 所示。

图 4-247　路径的设置栏

（4）在设置栏中选择"像素"选项，表示将建立填充区域，其设置栏如图 4-248 所示。
然后可以进行"模式"的选择，以及改变"不透明度"和选择"消除锯齿"复选框。

图 4-248　填充像素的设置栏

（5）▨（直线工具）。用来在图像上绘制直线，其设置栏如图 4-249 所示。与前面的
工具相对比，该工具的设置栏多了一项设置线粗细的选项。

图 4-249　直线工具的设置栏

（6）▨（自定义形状工具）。其设置栏如图 4-250 所示。与前面的工具相比，该工具
的设置栏多了一项设置自定义形状的选项。

图 4-250　自定义形状工具的设置栏

任务实现 ///

（1）新建文件用于绘制插画背景

选择"文件"—"新建"菜单项，在弹出的对话框中设置名称为"插画背景"，背景为白色，并设置好其他参数，如图 4-251 所示，单击"确定"按钮，新建一个文件。将前景色设为淡黄色 RGB（243，227，156），按 Alt+Delete 用前景色填充"背景"图层。

（2）绘制椭圆形的小路

1）新建一个图层，将该图层命名为"白色椭圆形"，将前景色设为白色，选择使用椭圆工具 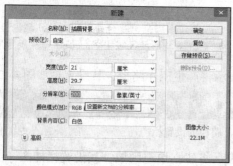，在图像窗口下方拖曳鼠标绘制椭圆形。再新建一个图层，将该图层命名为"橙色椭圆形"，将前景色设为橙色 RGB（250，211，48），选择使用椭圆工具 ，在图像窗口下方拖曳鼠标绘制一个比白色椭圆形稍小的橙色椭圆形，如图 4-252 所示。

2）在"图层"面板中，按住 Ctrl 键的同时，选中"白色椭圆形"和"橙色椭圆形"图层，将其拖曳到"创建新图层" 按钮上进行复制，生成副本图层。选择"移动" 工具，分别将复制出的副本图形拖曳到合适的位置，并调整其大小。用同样的方法再次复制图层，调整其位置及大小，效果如图 4-253 所示。

图 4-251　新建文件

图 4-252　绘制的白色和橙色椭圆形

（3）装饰风车

1）执行"文件"—"打开"菜单项，打开"风车"素材图片，选择"移动" 工具，将风车图像拖曳到图像窗口的左侧，在图层面板中将生成的新图层命名为"风车"，如图 4-254 所示。

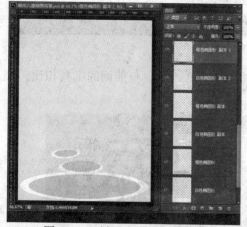

图 4-253　椭圆小路制作完成效果

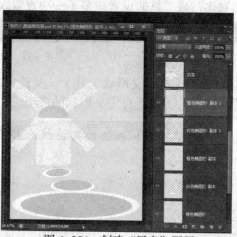

图 4-254　创建"风车"图层

2）新建一个图层，将该图层命名为"多边星形"，将前景色设为白色，选择使用多边形工具 ，在设置栏中按图4-255所示进行设置，在合适的位置拖曳鼠标绘制五角星，如图4-256所示。

图4-255 多边形工具设置栏　　图4-256 绘制五角星后效果

3）新建一个图层，将该图层命名为"白色矩形"，将前景色设为白色，选择使用矩形工具 ，在合适的位置拖曳鼠标绘制矩形。新建一个图层，将该图层命名为"橙色矩形"，将前景色设为橙色RGB（250，211，48），选择使用矩形工具 ，在合适的位置拖曳鼠标绘制矩形。新建一个图层，将该图层命名为"橙色圆角矩形"，将前景色设为橙色RGB（250，211，48），选择使用圆角矩形工具 ，在合适的位置拖曳鼠标绘制若干个圆角矩形，装饰好的风车效果如图4-257所示。

（4）制作花朵并添加人物

1）单击图层面板下方的"创建新组"按钮 ，将图层组命名为"花"。执行"文件"—"打开"菜单项，打开"叶片"素材图片，选择"移动" 工具，将叶片图像拖曳到图像窗口的左侧，在图层面板中将生成的新图层命名为"叶子"。新建一个图层，将该图层命名为"花柄"，将前景色设为橙色，选择使用直线工具 ，在设置栏中设置线条粗细为20px，按住Shift键的同时，在合适的位置拖曳鼠标绘制直线，绘制好的花柄如图4-258所示。

2）执行"文件"—"打开"菜单项，打开"花朵"素材图片，选择"移动" 工具，将花朵图像拖曳到图像窗口的左侧，在图层面板中将生成的新图层命名为"花朵"，如图4-259所示。

图4-257 装饰好的风车效果　　图4-258 绘制花柄　　图4-259 追加自然形状

3）绘制心形。新建一个图层，将该图层命名为"心形"，将前景色设为浅橙色RGB（243，227，156），选择使用自定义形状 ，在设置栏中点击"形状"下拉框，单击形状面板右上

方的设置 ⚙ 钮，在弹出的快捷菜单中单击"全部"，在弹出的对话框中选择"追加"按钮。在"形状"面板中选择"红桃"图案，如图 4-260 所示。按住 Shift 键的同时，拖曳鼠标绘制心形，并将图案旋转到适当的角度，效果如图 4-261 所示。

4）创建"心形"图层的副本，将该图层中的心形进行旋转及缩小，效果如图 4-262 所示。

5）将"花"图层组拖曳到图层面板的下方的"创建新组"按钮 📁，将图层组复制 2 次，按 Ctrl+T 对"花"的副本进行缩放操作，效果如图 4-263 所示。

6）执行"文件"—"打开"菜单项，打开"人物"素材图片，选择"移动" ▶✛ 工具，将人物图像拖曳到图像窗口的左侧，在图层面板中将生成的新图层命名为"人物"，至此，儿童插画背景效果制作完成，如彩图 39 所示。

图 4-260　选择"红桃"图案

图 4-261　绘制桃心

图 4-262　绘制花朵图案后效果

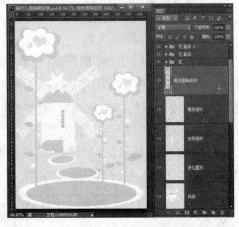

图 4-263　复制并调整花朵

技能训练

使用几何图形工具在图 4-264 所示的素材图案基础上，制作如图 4-265 所示的插画效果。

图 4-264　素材图案

图 4-265　插画效果

提示：（1）背景颜色采用径向渐变设置。

（2）在工具箱选择使用多边形工具 ，在设置栏中按图 4-266 所示进行设置，把前景颜色设置白色，适当把画布缩小比例，然后用多边形工具拉出图 4-267 所示的图形，栅格化图层后效果如图 4-268 所示。

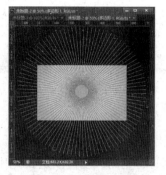

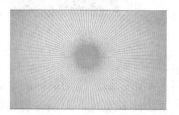

图 4-266　设置多边形　　　　　图 4-267　插画效果　　　　　图 4-268　栅格化后效果

（3）选择使用自定义形状 ，在"形状"面板中选择"花"图案，如图 4-269 所示。

（4）用钢笔工具绘制如图 4-270 所示的潮流元素图案。

图 4-269　设置多边形图案为"花"　　　　图 4-270　用钢笔工具绘制潮流元素图案

（5）新建一个图层制作一些如图 4-271 所示的小圆圈图案，然后复制该图层，适当改变副本图层圆圈大小和颜色。

图 4-271　小圆圈图案

任务十三　使用切片工具切割网站首页效果图片

任务描述

使用切片将彩图 40 所示的网站首页效果图片进行如彩图 41 所示的切割，并将所有切片导出为 JPG 文件，如彩图 41 所示。

理论知识

裁剪工具包含了两个用于切片的工具，分别是切片工具与切片选择工具，如图 4-272 所示。切片是指根据图层或参考线精确选择的区域，或者是用切片工具来创建的区域。使用切片

图 4-272　切片 / 切片选择工具

工具可以将源图像分割成许多小片的图像，以便于在网页中使用；使用切片选择工具可以对已划分的区域进行微调，从而使该区域能划分成更小的切片以满足需求。

一、切片工具

切片的作用在于依据网页布局及参考线大图切割成小图，从而加快网页图片的下载速度。切片工具的设置栏如图 4-273 所示。

图 4-273 切片工具的设置栏

（1）样式

1）正常：通过拖动鼠标确定切片的大小。

2）固定长宽比：可以设置切片的高宽比，创建固定长宽比的切片。例如，若要创建一个宽度是高度两倍的切片，可输入宽度 2 和高度 1。

3）固定大小：可以指定切片的高度和宽度值，然后再画面单击，可创建指定大小的切片。

（2）基于参考线的切片

点击此按钮后，Photoshop 会自动依据设置的参考线，将图片进行切片，如图 4-274 所示。

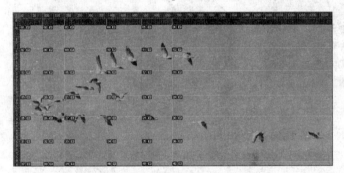

图 4-274 "基于参考线的切片"执行效果

图 4-275 设置标尺的单位

使用切片工具时，需要先设置好标尺和参考线的显示单位：执行"编辑"—"首选项"—"单位与标尺"命令，在弹出的对话框中设置"单位与标尺"中的"标尺"单位为"像素"，如图 4-275 所示。切片时，依据参考线，通过拖曳鼠标的方式进行图片的切割，切割完成后每个切片都有编号，如图 4-276 所示。在通过切片工具创建切片时，按住 Shift 键并拖动可使切片为正方形，按住 Alt 键可使切片从中心向四周扩展。

图 4-276 使用切片工具

1. 删除切片

用鼠标右键点击某块切片，在弹出的快捷菜单中点击"删除切片"菜单项，如图 4-277 所示。

2. 等分切片

用鼠标右键点击某块切片，在弹出的快捷菜单中点击"划分切片"菜单项，打开"划分切片"对话框，如图 4-278 和图 4-279 所示。

图 4-277　删除 04 切片前后对比　　图 4-278　"划分切片"对话框　　图 4-279　等分切片

3. 切片选项对话框

用鼠标右键点击某块切片，在弹出的快捷菜单中点击"编辑切片选项…"菜单项，打开"切片选项"对话框，如图 4-280 所示。

图 4-280　"切片选项"对话框

（1）切片类型。在该选项下拉列表中可以选择输出地切片的内容类型，即在与 HTML 文件一起导出时，切片数据在 Web 浏览器中的显示方式。"图像"为默认的内容类型，切片将包含图像数据；选择"无图像"时，可以在切片中输入 HTML 文本，但不能导出为图像，并且无法再浏览器中预览；选择"表"，切片导出时将作为嵌套表写入到 HTML 文本文件中。

（2）名称。可输出切片的名称。对于在"切片类型"中选择"无图像"切片内容，"名称"选项将不可用。

（3）URL。用来设置切片链接的 Web 地址，该选项只可用于"图像"切片。为切片指定 URL 后，在浏览器中单击切片图像，可链接到 URL 选项中设置的网址和目标框架。

（4）目标。可设置目标框架的名称。

（5）信息文本。可指定哪些信息出现在浏览器中。这些选项只可用于图像切片，并且只会在导出的 HTML 文本文件中出现。

（6）Alt 标记。用来指定选定切片的 Alt 标记。Alt 文本在图像下载过程中取代图像，并在一些浏览器中作为工具提示出现。

（7）尺寸。通过 X 和 Y 选项可以设置切片的位置。通过 W 和 H 选项可以设置切片大小。

（8）切片背景类型。可在该选项的下拉列表中选择一种背景色来填充透明区域（适用于"图像"切片）或整个区域（适用于"无图像"切片）。如果选择"其他"选项，则单击"背景色"选项中的颜色块，可打开"拾色器"设置背景颜色。

4. 切片的导出

执行"文件"—"存储为 Web 所用格式"命令，弹出的"存储为 Web 所用格式"对话框，如图 4-281 所示。

点击对话框左侧的切片选择工具 ，将需要导出的某个切片选中，按 Shift 键的同时使用切片选择工具 ，可以同时选择不连续的多个切片；在"预设"下拉列表框中选择切片的输出格式为 JPG 或 GIF 格式，调整所需品质、模糊、杂边等；点击"存储"按钮，在弹出如图 4-282 所示的"将优化结果存储为"对话框中选择"HTML 和图像"，设置好文件存放位置，就可以得到整图切片后生成的所有 JPG 格式图片以及 html，结果如图 4-283 所示。

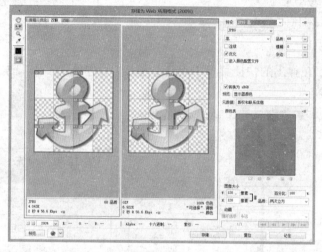
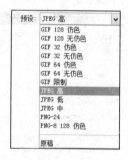

图 4-281　"切片选项"对话框

图 4-282　"将优化结果存储为"对话框

图 4-283　切片导出的结果

5. 切片工具使用注意事项

（1）使用切片工具分割图片时，应该按照从上至下、从左到右的原则进行分割。

（2）包含按钮的图片在分割时应将按钮作为独立部分进行分割，这样处理后，在网页制作时，按钮就可以作为单独的部分来处理和替换，如图 4-284 所示。

（3）对于较大的网站首页中的 banner，建议不要将其作为一个整体进行切割，而是将banner 切割成多个小的切片，从而提升网页的下载和显示速度，如图 4-285 所示。

图 4-284　按钮单独切割

图 4-285　将 banner 切割

二、切片选择工具

切片选择工具可以用来移动切片或对切片块进行拉伸及缩小操作。使用切片选择工具移动切片时，先用鼠标左键点击要移动的切片，使该切片处于选择状态，按下鼠标左键的同时移动切片到目的位置即可，当把原切片移动到目的位置后，Photoshop 会自动生成必要的自动切片，如图 4-286 所示。使用切片选择工具调整切片大小时，先用鼠标左键点击切片，使该切片处于选择状态，此时切片四周出现 8 个控制点，用鼠标拖曳控制点，便可调整切片大小，如图 4-287 所示。

图 4-286　02 号切片移动前后

图 4-287　调整切片大小

图 4-288 所示为切片选择工具的设置栏。

图 4-288　切片选择工具的设置栏

（1）切片堆叠顺序。在创建切片时，最后创建的切片是堆叠顺序中的顶层切片。当切片重叠时，可单击该选项中的按钮，改变切片的堆叠顺序，以便能够选择到底层的切片。单击置为顶层按钮，可将选择的切片调整到所有切片之上；单击前移一层按钮，可将选择的切片向上层移动一个位置；单击后移一层按钮，可将选择的切片向下层移动一个位置；单击置为底层按钮，可将选择的切片移动到所有切片之下。

（2）提升。单击该按钮，可转换自动切片或图层切片为用户切片。在使用切片工具进行切片时，蓝色的切片编号标注的都是用户切片，灰色的切编号标注的都是自动生成的切片。

（3）划分…。单击该按钮，可在打开如图 4-278 的示的"划分切片"对话框对选择的切片进行划分。

（4）对齐与分布切片选项。选择多个切片后，可单击该选项中的按钮来对齐或分布切片。对齐选项中包含顶对齐、垂直居中对齐、底对齐、左对齐、水平居中对齐和右对齐；分布选项中包含按顶分布、垂直居中分布、按低分布、按左分布、水平居中分布和按右分布。

（5）隐藏自动切片。单击该按钮，可隐藏自动切片。

（6）设置切片选项。单击该按钮，可在打开的"切片选项"对话框中设置切片名称、类型并指定 URL 地址。

任务实现 ///

（1）打开素材文件。执行"文件"—"打开"菜单项，打开"网站首页效果"素材图片，在"图层"面板中用鼠标双击"背景"图层，将该图层解锁。

（2）显示标尺，设置参考线。按 Ctrl+R 快捷键，在画面中显示标尺，调整标尺的单位为像素。将光标移至水平及垂直标尺上，单击并拖拽出若干条水平参考线，如图 4-289 所示。

（3）切片。在工具箱中选择切片工具 ，点击设置栏的"基于参考线的切片"按钮，Photoshop 按参考线位置将图片进行切片，如图 4-290 所示。按从上到下、从左至右的顺序，并依据参考线使用切片选择工具 ，对需要调整大小或位置的切片、删除或提升的切片进行处理。需要精确设置切片大小，可打开如图 4-280 所示的"切片选项"对话框进行设置。切片的最终效果如图 4-291 所示。

图 4-289　显示标尺、设置参考线　　　　　　图 4-290　自动生成切片

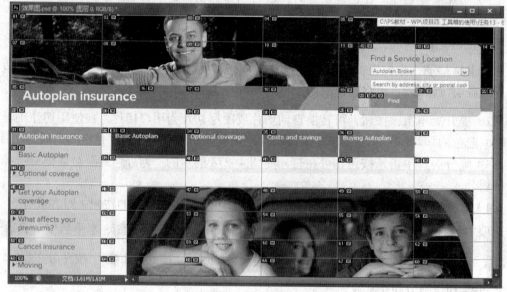

图 4-291　切片调整后效果

（4）命名切片。依据切片所处的区域不同，为每一块切片重新进行命名。例如：左侧的跳转菜单切片可从上到下依次命名为"menu_1"至"menu_7"；右上角表单区域切片可从上到下、从左至右依次命名为"form_1"至"form_6"，表单中的按钮 Find 可命名为"form_btn_find"。

（5）导出切片结果。执行"文件"—"存储为 Web 所用格式"命令，弹出如图 4-282 所示的"存储为 Web 所用格式"对话框，设置全部切片以 JPG 格式输出。

技能训练

1. 使用切片及切片选择工具，将如图 4-292 所示的网站首页效果图片进行合理的切割，设置全部切片以 JPG 格式输出。

2. 使用切片及切片选择工具，将如图 4-293 所示的网站首页效果图片进行合理的切割，设置全部切片以 GIF 格式输出。

图 4-292　网站首页效果图 1　　　　　　　　图 4-293　网站首页效果图 2

3. 思考如图 4-294 所示的网站首页效果图片该如何进行切片。

图 4-294　网站首页效果图

项目五　图像调整技术应用

知识目标 ///

1. 掌握调整图像的色彩与色调的方法。
2. 掌握利用各种色彩校正命令对图像进行处理的方法。

能力目标 ///

1. 能够根据不同的需要对图像的色彩或色调进行细微的调整。
2. 能够对图像进行特殊颜色的处理。

≡≡≡ 任务一　调整偏色照片 ≡≡≡

任务描述 ///

将彩图 42 所示的偏色照片调整成如彩图 43 所示的效果。

理论知识 ///

图像色调控制主要是对图像进行明暗度和对比度的调整，例如把一个显得较暗的图像变得亮一些，把一个显得较亮的图像变暗一些。通过对色调的调整可以表现明快或者阴暗的主题环境。

一、使用直方图

直方图用图形表示图像的每个颜色亮度级别的像素数量，展示像素在图像中的分布情况。它显示了图像在暗调（显示在直方图的左边）、中间调（显示在中间）和高光（显示在右边）中包含的细节，也提供了图像色调范围或图像基本色调类型的快速浏览图。不同色调图像的细节集中的位置也不同，全色调范围的图像在所有区域中都有大量的像素。识别色调范围有助于确定相应的色调校正。

"直方图"面板提供了许多选项，可以用来查看有关图像的色调和颜色信息。在默认情况下，直方图显示整个图像的色调范围。如果要在直方图中显示图像某一部分的直方图数据，选取该部分图像即可。

使用直方图查看图像色调分布的方法如下：

（1）打开需查看色调分布情况的图像。

（2）选择"窗口"—"直方图"命令，调出"直方图"面板，如图5-1所示。

图5-1　"直方图"面板

二、使用"色阶"命令调整色调

"色阶"命令可以通过调整图像的暗调、中间调和高光等强度级别，校正图像的色调范围和色彩平衡。

（1）打开要调整色调的图像，如图5-2所示。

（2）选择"图像"—"调整"—"色阶"命令，打开如图5-3所示对话框。

（3）在"色阶"对话框中可进行如下操作：

1）通道。在该下拉列表框中，选定要进行色调调整的通道。图5-3所示即为选中RGB主通道的色阶分布状况，此时色调调整将对所有通道起作用。

2）输入色阶。其中的3个文本框分别对应通道的暗调、中间调和高光。缩小"输入色阶"的范围可以提高图像的对比度。

3）输出色阶。使用"输出色阶"可以限定处理后图像的亮度范围。缩小"输出色阶"的范围可以降低图像的对比度。

4）吸管工具。对话框右边的3个吸管工具，从左到右依次为黑色吸管、灰色吸管和白色吸管。单击其中任何一个吸管，然后将鼠标指针移到图像窗口，鼠标指针变成相应的吸管形状，此时单击即可进行色调调整。用黑色吸管单击图像，图像中所有像素的亮度值将减去吸管单击处的像素亮度值，从而使图像变暗。白色吸管与黑色吸管相反，将所有像素的亮度值加上吸管单击处的像素的亮度值，从而提高图像的亮度。灰色吸管所选中的像素的亮度值用来调整图像的色调分布。

5）自动。单击该按钮，以所设置的自动校正选项对图像进行调整。

（4）设置"输入色阶"值，单击确定按钮。调整后的效果如图5-4所示。

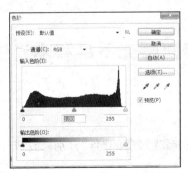

图5-2　要调整色调的图像　　　　图5-3　"色阶"对话框　　　　图5-4　调整色阶后的效果

任务实现 ///

（1）执行"文件"—"打开"命令，弹出"打开"对话框，选择需要调整的图像，打开该图像。

（2）选择"图像"—"调整"—"色阶"命令，弹出"色阶"对话框，调整参数设置如图5-5所示。

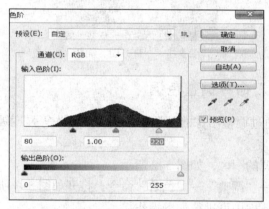

图5-5　"色阶"对话框

（3）单击"确定"按钮保存对色阶的调整，完成制作。

技能训练 ///

将图5-6所示的素材图制作成如图5-7所示的效果。

　　图5-6　校正偏色原图　　　　　　　　　　图5-7　校正偏色后效果

≡≡≡ 任务二　修复曝光不足和曝光过度的图像 ≡≡≡

任务描述 ///

将彩图44所示的曝光不足和曝光过度的照片分别修复成如彩图45所示的效果。

理论知识 ///

使用"色阶"、"自动色调"、"自动对比度"、"曲线",以及"亮度 / 对比度"命令可调整图像的对比度和亮度,这些命令用于修改图像中像素值的分布,并允许在一定范围内调整色调。其中,"曲线"命令可以提供最精确的调整。

一、使用"曲线"命令

"曲线"命令和"色阶"命令类似,都是用来调整图像的色调范围,不同的是,"色阶"命令只能调整亮部、暗部和中间灰度,而"曲线"命令可以调整灰阶曲线中的任何一点。图5-8、图5-9分别为原图像和"曲线"对话框。

图 5-8 原图像

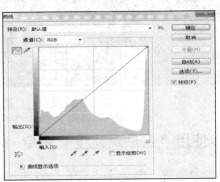

图 5-9 "曲线"对话框

(1)图5-9中的横轴代表图像原来的亮度值,相当于"色阶"对话框中的"输入色阶";纵轴代表新的亮度值,相当于"色阶"对话框中的"输出色阶";对角线用来显示当前输入和输出数值之间的关系。在没有进行调节时,所有像素都有相同的输入和输出数值。

(2)对于RGB模式的图像来讲,曲线的最左面代表图像的暗部,像素值为0;最右面代表图像的亮部,像素值为255;而对于CMYK模式的图像来讲,则刚好相反。

(3)"曲线"对话框中的通道选项和"色阶"对话框中的通道选项相同,但"曲线"对话框不仅可以选择合成的通道进行调整,还可以选择不同的颜色通道来进行个别的调整。

(4)在曲线上单击鼠标可以增加一点,用鼠标拖动该点就可以改变图像的曲线。对于较灰的图像,最常见的调整方式是S形曲线,可以增加图像的对比度。

(5)激活铅笔形的图标可以在图中直接绘制曲线,也可以单击平滑曲线来平滑所画的曲线。

图5-10、图5-11分别为改变图像曲线的设置框和效果图。

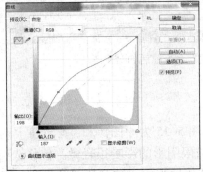

图 5-10 改变图像曲线的设置框

图 5-11 改变图像曲线后的效果图

二、使用"自动色调"命令

该命令和"色阶"对话框中的"自动"按钮的功能相同，可以自动定义每个通道中最亮和最暗的像素作为白色和黑色，然后按比例重新分配其间的像素值，一般调整简单的灰阶图合适。图 5-12 为执行"自动色调"命令前后的对比图。

图 5-12　执行"自动色调"命令前后的对比图

三、使用"自动对比度"命令

执行该命令后，Photoshop CS6 会自动将图像最深的颜色加强为黑色，将最亮的部分加强为白色，以增加图像的对比度。此命令对连续色调的图像效果相当明显，而对单色或者颜色不丰富的图像几乎不产生作用。

四、使用"亮度／对比度"命令

该命令适用于粗略地调整图像的亮度和对比度，其调整范围为 -100 ～ 100。图 5-13 为执行"亮度／对比度"命令前后的对比图。

图 5-13　执行"亮度／对比度"命令前后的对比图

五、使用"曝光度"命令

该命令适用于调整图像的曝光度。图 5-14 和图 5-15 为原图像和"曝光度"对话框。拖动曝光度滑块可以调整色彩范围的高光端，但对极限阴影的影响很轻微。位移选项使阴影和中间调变暗，对高光的影响轻微。灰度系数校正项使用乘方函数调整图像灰度系数。图 5-16

为调整曝光度后的画面显示。

图 5-14　原图像

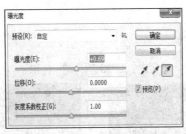

图 5-15　"曝光度"对话框

图 5-16　调整后图像

任务实现 ///

1. 修复曝光不足的图像

执行"文件"—"打开"命令，弹出"打开"对话框，选择需要修复的图像，打开该图像。

（1）选择"图像"—"调整"—"曲线"命令，弹出"曲线"对话框，将光标移到曲线上某个位置，此时光标变为"+"，单击后在该点生成新的节点，拖动这个节点可以调整色调。曲线向左上角弯曲，色调变亮；曲线向右下角弯曲，色调变暗。调整曲线如图 5-17 所示。

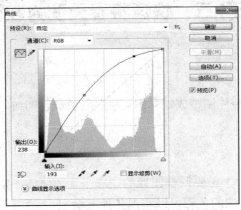

图 5-17　"曲线"对话框

（2）单击"确定"按钮保存对色调的调整，完成修复。

2. 修复曝光过度的图像

（1）执行"文件"—"打开"命令，弹出"打开"对话框，选择需要修复的图像，打开该图像。

（2）选择"图像"—"调整"—"亮度/对比度"命令，弹出"亮度/对比度"对话框，调整参数设置如图 5-18 所示。

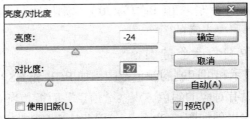

图 5-18　"亮度/对比度"对话框

（3）单击"确定"按钮保存该调整，完成修复。

技能训练

将图 5-19 所示的素材图制作成如图 5-20 所示的效果。

图 5-19　素材图

图 5-20　调整曝光度后效果

提示：本练习要用到的命令有曝光度。

任务三　快速将春天变为秋天

任务描述

将彩图 46 所示的春天照片调整成如彩图 47 所示的秋天照片。

理论知识

通常在校正色调范围后，还要调整图像的色彩平衡，删除不需要的色偏或校正过饱和或欠饱和的颜色。通过调整图像的色彩可以实现各种意境。

一、色彩调整的基本概念

如要对有缺陷的图像进行修饰，需要原图像有足够的颜色信息，因为在色彩调整时会丢失很多的细节，检查原图像是否有足够的颜色信息有以下几种方法。

1. 检查图像高光区和暗部的像素值

执行菜单中的"窗口"—"信息"命令，调出"信息"面板，如图 5-21 所示。在图像上移动鼠标指针，就可以在"信息"面板上查看最亮和最暗部分的像素值。如果两者值的相差足够大（如亮调 RGB 值为 240，暗调 RGB 值为 20），则说明包含这些像素值的色调范围已经有足够的细节，可以获得层次丰富的图像。

2. 检查可显示和可印刷的颜色范围

颜色系统都有一个可显示和可印刷的颜色范围，如 RGB 和 HSB 颜色可以在屏幕上显示出来，但是在 CMYK 模式中没有对应的颜色，观察"信息"面板，当 CMYK 的数值后面有"！"时，表明此颜色在印刷范围以外如图 5-22 所示，因此应避免在印刷图像中出现。

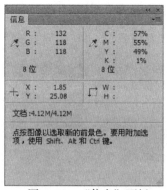
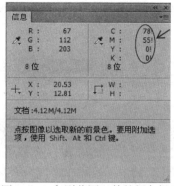

图 5-21　"信息"面板　　　　　　图 5-22　印刷范围以外的颜色提示

3. 利用"色域警告"命令来检查

执行菜单中的"视图"—"色域警告"命令，Photoshop CS6 可以将图像中超出色域范围之外的颜色用灰色标示出来，图 5-23、图 5-24 分别为原图像和执行"色域警告"命令后的效果。

> **提示**
>
> 许多颜色在降低饱和度后都可以成为色域范围内的颜色。

图 5-23　原图像　　　　　　图 5-24　执行"色域警告"命令后的效果

4. 利用"透明度与色域"命令来检查

执行菜单中的"编辑"—"首选项"—"透明度与色域"命令，在弹出的"透明度与色域"对话框中可以设置显示色域的颜色和透明度，如图 5-25 所示。

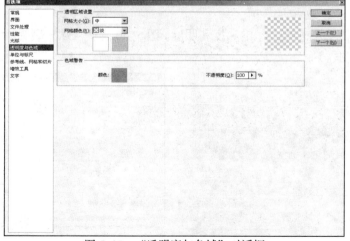

图 5-25　"透明度与色域"对话框

二、色彩调整的方法

1. 使用"自动颜色"命令

该命令可以让系统自动对图像进行颜色校正。如果图像有色偏或者饱和度过高，均可以使用该命令进行自动调整。

2. 使用"色彩平衡"命令

使用该命令可以改变彩色图像中颜色的组成，但是只能对图像进行粗略的调整。图5-26、图5-27分别为原图像和"色彩平衡"对话框。

（1）拖动图5-27中的滑块可以调整图像的色彩平衡。

图 5-26　原图像

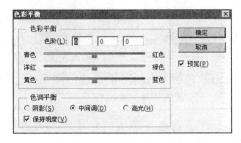
图 5-27　"色彩平衡"对话框

（2）在"色调平衡"区中，可以选择调整图像的阴影、高光和中间调进行色彩调整，也可以选中"保持明度"复选框，从而在改变颜色的同时保持原来的亮度值。图5-28、图5-29分别为改变色彩平衡后的设置框和结果图。

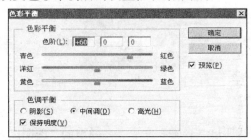
图 5-28　改变色彩平衡后的设置框

图 5-29　改变色彩平衡后的效果

3. 使用"色相/饱和度"命令

该命令用来调整图像的色相、饱和度和明度。图5-30、图5-31分别为原图像和图像的"色相/饱和度"对话框。

图 5-30　"色相/饱和度"原图像

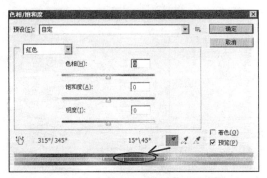
图 5-31　"色相/饱和度"对话框

（1）"编辑"下拉列表框：可以选择 6 种颜色分别进行调整，或者选择全图来调整所有的颜色。

（2）通过拖动滑块来改变色相、饱和度和明度，在该对话框下面有两个色谱，上面的色谱表示调整前的状态，下面的色谱表示调整后的状态。

（3）当选中单一颜色时，在"色相 / 饱和度"对话框中下面两个色谱中间深灰色的部分表示要调整颜色的范围，通过拖动深灰色两边的滑块，可以增加或者减少深灰色的区域，即改变颜色的范围。

（4）选中"着色"复选框后，图像变成单色，可以改变色相、饱和度和明度值，得到单色的图像效果。

任务实现

（1）执行"文件"—"打开"命令，弹出"打开"对话框，选择需要编辑的图像，打开该图像。

（2）选择"图像"—"调整"—"色相 / 饱和度"命令，弹出"色相 / 饱和度"对话框，调整参数设置如图 5-32 所示。

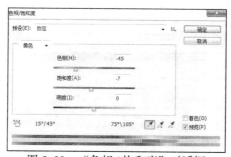

图 5-32　"色相 / 饱和度"对话框

（3）单击"确定"按钮保存调整，完成制作。

技能训练

将图 5-33 所示的素材图制作成暗调金秋色效果。

图 5-33　素材图

提示：本练习要用到的命令有可选颜色、色相 / 饱和度、曲线、色彩平衡。

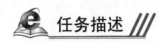

任务四　调出清淡的阿宝色调

任务描述

将彩图 48 所示的源图片调整成如彩图 49 所示的清淡阿宝色调。

理论知识

使用"替换颜色"和"可选颜色"命令可对图像中的特定颜色进行修改。

一、使用"可选颜色"命令

使用该命令可以对 RGB、CMYK 和灰度等色彩模式的图像进行分通道校色，其设置对话框如图 5-34 所示。在"颜色"下拉列表框中选择要修改的颜色，拖动下面的滑块来改变颜色的组成。"方法"选项包括"相对"和"绝对"。"相对"用于调整现有的颜色值，例如，图像中现有 50% 的红色，如果增加了 10%，则实际增加的红色为 5%；"绝对"用于调整颜色的绝对值，例如图像中有 50% 的红色，如果增加了 10%，则增加后有 60% 的红色。图 5-35 为可选颜色前和可选颜色后的图像。

图 5-34　"可选颜色"对话框

图 5-35　可选颜色前与可选颜色后的对比

二、使用"替换颜色"命令

使用该命令可以替换图像中某区域的颜色，其设置对话框如图 5-36 所示。可以用吸管工具选择要改变的颜色，"颜色容差"为选择颜色的相似程度，"替换"为改变后颜色的色相、饱和度和明度。图 5-37 为替换颜色前和替换颜色后的图像。

图 5-36 "替换颜色"对话框 　　　　图 5-37 替换颜色前与替换颜色后的对比

三、使用"通道混合器"命令

该命令通过调节通道来调节图像的颜色，其设置对话框如图 5-38 所示。在"通道"下拉列表框中可以选择要更改的颜色通道，然后在"源通道"中可拖动滑块来改变各种颜色。通过改变"常数"项的值，可增加通道的补色。另外，如果选中"单色"复选框，可以制作出灰度的图像。

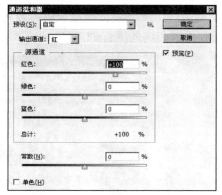

图 5-38 "通道混合器"对话框

四、使用"匹配颜色"命令

"匹配颜色"命令用于匹配不同图像之间、多个图层之间或者多个颜色选区之间的颜色，即将原图像的颜色匹配到目标图像上，使目标图像虽然保持原来的画面，却有与源图像相似的色调。使用该命令还可以通过更改亮度和色彩范围来调整图像中的颜色。图 5-39 和图 5-40分别为源图像与目标图像，图 5-41 和图 5-42 分别为"匹配颜色"对话框与调整后的图像。

图 5-39 源图像 　　　　　　　　图 5-40 目标图像

图 5-41　"匹配颜色"对话框

图 5-42　调整后的图像

五、使用"变化"命令

使用该命令可以调整图像的色彩平衡、对比度和饱和度，对话框如图 5-43 所示。可以分别调整图像的暗部、中间灰部、亮部和饱和度。拖动滑块可以设定每次调整的粗糙和精细程度。如果需要调整图像的颜色，只要单击相应的图标即可。

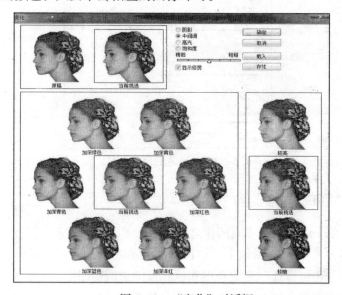

图 5-43　"变化"对话框

 任务实现 ///

（1）执行"文件"—"打开"命令，弹出"打开"对话框，选择需要编辑的图像，打开该图像。

（2）选择"图像"—"调整"—"可选颜色"命令，弹出"可选颜色"对话框，调整参数设置如图 5-44 所示。

图 5-44　"可选颜色"对话框

（3）单击"确定"按钮保存调整，完成制作。

 技能训练 ///

将图 5-45 所示的 2 个素材图制作成暗调金色效果。

图 5-45　素材图

提示：本练习要用到的命令有匹配颜色。

≡≡≡ 任务五　制作彩色图像的黑白效果 ≡≡≡

 任务描述 ///

将彩图 50 所示的彩色照片调整成如彩图 51 所示的黑白效果。

理论知识 ///

对图像应用特殊效果可以使图像产生丰富的变化。

一、使用"渐变映射"命令

该命令用来将相等的图像灰度范围映射到指定的渐变填充色上。其原图像和"渐变映射"

对话框分别如图 5-46 和图 5-47 所示。如果指定双色渐变填充，则图像中的暗调映射渐变填充的一个端点颜色，高光映射另一个端点颜色，中间调映射两个端点间的层次。"仿色"复选框使色彩过渡更为平滑，"反向"复选框使渐变逆转方向。图 5-48 为使用了渐变过渡后的画面效果。

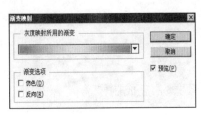

图 5-46　渐变映射原图　　　　图 5-47　"渐变映射"对话框　　　　图 5-48　使用渐变过渡后效果

二、使用"色调均化"命令

使用该命令可以重新分配图像中各像素的像素值。当执行此命令时，软件会寻找图像中最亮和最暗的像素值，并且平均所有的亮度值，使图像中最亮的像素代表白色，最暗的像素代表黑色，中间各像素按灰度重新分配。图 5-49 为执行"色调均化"命令前后的效果比较。

图 5-49　执行"色调均化"命令前后的效果比较

三、使用"色调分离"命令

色调分离是将色调数减少，造成一种色调分离的效果。"色调分离"命令让用户指定图像中每个通道的色调级（或亮度值）的数目，然后将像素映射为最接近的匹配色调。使用该命令可以定义色阶的多少。对于灰阶图像，可以用该命令减少灰阶数量，图 5-50 和图 5-51 分别为原图像和"色调分离"对话框，可以直接在对话框中输入数字来定义色调分离的级数。

图 5-52 为色调分离后的画面显示。

图 5-50 原图像　　　图 5-51 "色调分离"对话框　　　图 5-52 "色调分离"后效果

四、使用"照片滤镜"命令

照片滤镜模仿在相机的镜头前放置彩色滤光片的技术来调整色彩平衡和颜色温度。图 5-53、图 5-54 和图 5-55 分别为原图像、"照片滤镜"对话框和"照片滤镜"后效果图。

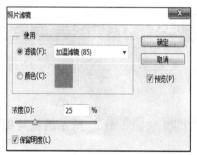

图 5-53 原图像　　　图 5-54 "照片滤镜"对话框　　　图 5-55 "照片滤镜"后效果

任务实现 ///

（1）执行"文件"—"打开"命令，弹出"打开"对话框，选择需要编辑的图像，打开该图像。

（2）选择"图像"—"调整"—"渐变映射"命令，弹出"渐变映射"对话框，设置"灰度映射所用的渐变"为"黑白渐变"，如图 5-56 所示。

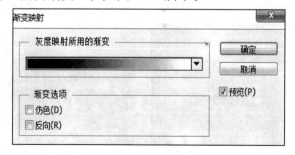

图 5-56 "色相/饱和度"对话框

（3）单击"确定"按钮保存调整，完成制作。

技能训练 ///

将图 5-57 所示的彩色照片制作成黑白效果。

图 5-57　彩色照片

≡≡≡ 任务六　制作图像底片效果 ≡≡≡

任务描述 ///

将彩图 52 所示的彩色照片调整成如彩图 53 所示的底片效果。

理论知识 ///

一、使用"去色"命令

该命令可以保持图像原来的色彩模式，将彩色图变成灰阶图。

二、使用"反相"命令

该命令用于产生原图像的负片。转换后像素点的像素值为 255 减去原图像的像素点值。该命令在通道运算中经常用到。图 5-58 为执行"反相"命令前后的效果比较。

图 5-58　执行"反相"命令前后的效果比较

三、使用"阈值"命令

使用该命令可以将彩色图像变成高对比度的黑白图。图5-59和图5-60为原图像和"阈值"对话框。拖动滑块可以改变阈值,也可以直接在阈值色阶后面输入数值。当设定阈值时,所有像素值高于此阈值的像素点会变为白色,所有像素值低于此阈值的像素点会变为黑色。图5-61为改变阈值后的画面显示。

图5-59 原图像

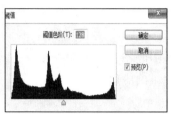

图5-60 "阈值"对话框

图5-61 调整"阈值"后效果

任务实现 ///

(1)执行"文件"—"打开"命令,弹出"打开"对话框,选择需要编辑的图像,打开该图像。

(2)选择"图像"—"调整"—"反相"命令,完成制作。

技能训练 ///

将图5-62所示的彩色照片制作成如图5-63所示的底片效果。

图5-62 彩色照片

图5-63 底片效果

项目六　图层的应用

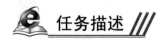

知识目标

1. 了解图层菜单和图层面板中的相关知识和操作方法。
2. 理解不同图层混合模式并正确应用。
3. 掌握不同图层样式的用法。

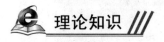

能力目标

1. 能够利用所学知识对图层进行操作。
2. 能够根据要求应用合适的图层混合模式及图层样式。

≡≡≡ 任务一　认识图层菜单和图层面板 ≡≡≡

任务描述

用 Photoshop 创作一幅如彩图 54 所示的 4 格漫画。

理论知识

一、图层的理解

"图层"如同透明的纸，在纸上画出图像，并将它们叠加在一起，就可浏览到图像的组合效果。使用"图层"可以把一副复杂的图像分解处理，从而减少图像处理工作量并降低难度，且通过调整各个"图层"之间的关系，能够实现更加丰富和复杂的视觉效果。

二、认识图层菜单和图层面板

图层菜单和图层面板中包含的是用于处理图层的命令，如图层的新建、复制图层、删除图层、合并图层等。在图层菜单中出现的命令在图层面板中几乎都可以找到踪影，用户可根据习惯进行。Photoshop CS6 版本的图层菜单和图层面板如图 6-1 和图 6-2 所示。

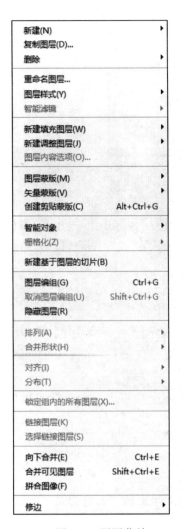

图 6-1　图层菜单

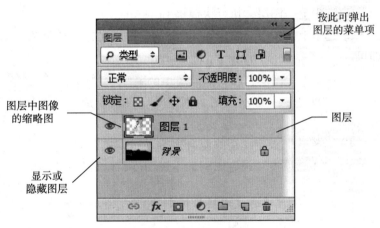

按此可弹出
图层的菜单项

图层中图像
的缩略图

图层

显示或
隐藏图层

图 6-2　图层面板

 提示　新建填充或调整图层、蒙板会在本书其他项目中详细介绍。

本知识点以图层菜单为主进行介绍。

1. 新建（图 6-3）

图 6-3　图层—新建

（1）新建—图层…（Shift+Ctrl+N），如图 6-4 所示。

图 6-4　新建图层对话框

1）"名称："给图层命名。

2）使用前一图层创建剪贴蒙版。创建剪切蒙版，必须有两个图层，选中上一图层，再执行创新剪贴蒙版的命令。上一图层将以剪贴蒙版方式，作用于下一图层，这个图层可以是带蒙版的调整图层、文字图层、矢量蒙版图层、普通图层。

除此之外，还有以下三种创建剪贴蒙版的方法：

① 选中上一图层，执行快捷键 Ctrl+Alt+G。

② 选中上一图层，按住 Alt 键的同时，将光标移动至两个图层之间，光标将变化，再单击即可。

③ 选中上一图层，执行图层菜单的 `创建剪贴蒙版(C)　　　Alt+Ctrl+G`。

3）"颜色："标示用的。当将几个图层合成一个图层时，逐个找不太方便，就可以用 标示一下。

4）"模式"设定图层的混合模式，后续知识讲解。

5）"不透明度"设定图层的不透明度，以百分比表示。

提示　也可以通过图层面板中的 或图层面板的右上角 弹出的"新建图层…"建立。

（2）新建—背景图层…。背景层位于最下面，只有一个，对于背景层不能进行移动，也无法更改其透明度。如果需要对背景层进行操作，需要先对它进行解锁，转换成普通层。通过执行"图层"—"新建"—"背景图层"，可将背景层转换为普通图层。

还有一种简便的方法：双击背景层，就可以直接将背景层转换为普通层。

（3）新建"组…"。为了对图层进行管理，可以对图层进行分组管理，以便于理清思路，如图 6-5 所示。

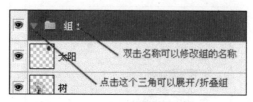

图 6-5　新建"组"

建立组后，将图层选中拖入组中即可。

（4）"从图层建立组…"，可以将选中的图层建为组。

选中图层的方法：同时按住 Ctrl 键，再在图层面板单击图层，可以选择多个图层。

（5）通过拷贝的图层和通过剪切的图层。利用选区，执行"图层"—"新建"—"通过拷贝的图层"或"通过剪切的图层"，可以快速建立新图层。区别就在于一个是拷贝，一个是剪切。

2. 复制图层…

选择图层，执行"图层"—"复制图层…"，弹出如图 6-6 所示对话框，进行设置，可以进行图层的复制。

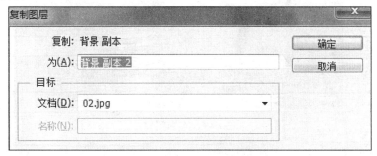

图 6-6 复制图层对话框

3. 删除

通过执行"图层"—"删除" ，可删除选中的图层或隐藏图层。

4. 重命名图层…

可对选中的图层进行重命名，如图 6-7 所示。

图 6-7 图层重命名

5. 智能对象和智能滤镜

智能对象子菜单如图 6-8 所示。

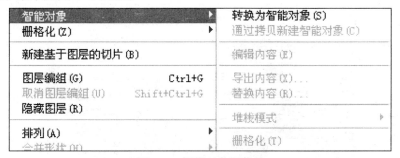

图 6-8 智能对象子菜单

（1）智能对象

Adobe 公司对智能对象的定义是：保持原有特性，对图层可执行非破坏性编辑。

使用以前版本的 Photoshop 可能会发现一个问题，把一个图像缩小，确定以后，再把它放大，它不能恢复到以前的效果，因为缩小时它的分辨率已经降低，再放大就会出现马赛克，智能对象能解决这个问题。

原图分辨率 72ppi，如图 6-9 所示。

图 6-9　人物图像

没有使用智能对象，把原图的分辨率改为 10ppi 后，再改回 72ppi 的图，比较模糊，如图 6-10 所示。

图 6-10 分辨率改后

变为智能对象后的图（图像没有损失）如图 6-11 所示。

图 6-11　用智能对象后进行分辨率修改

具体的，利用智能对象可执行以下操作：

1）执行非破坏性变换。可以对图层进行缩放、旋转、斜切、扭曲、透视变换或使图层变形，而不会丢失原始图像数据或降低品质，因为变换不会影响原始数据。

2）处理矢量数据（如 Illustrator 中的矢量图片），若不使用智能对象，这些数据在 Photoshop 中将进行栅格化。

3）非破坏性应用滤镜。可以随时编辑应用于智能对象的滤镜。

4）编辑一个智能对象并自动更新其所有的链接实例。

5）应用与智能对象图层链接或未链接的图层蒙版。

要注意的是：无法对智能对象图层直接执行会改变像素数据的操作（如绘画、减淡、加深或仿制），除非先将该图层转换成常规图层（将进行栅格化）。建议：当要执行会改变像素数据的操作时，可以编辑智能对象的内容，在智能对象图层的上方仿制一个新图层，编辑智能对象的副本或创建新图层。

（2）智能滤镜

应用在智能对象图层上滤镜就是智能滤镜。也可以通过执行"滤镜"—"转化为智能滤镜"来实现，如图 6-12 所示。

智能滤镜，就像给图层加样式一样，在图层面板，可以把这个滤镜删除，或者重新修改这个滤镜的参数，可以关掉滤镜效果的小眼睛而显示原图，所以很方便再次修改。

通过执行"图层"—"智能滤镜"，弹出子菜单，对其进行操作，如图 6-13 所示。

图 6-12 智能滤镜   图 6-13 智能滤镜子菜单

6. 栅格化

栅格化图层就是把矢量图变为像素图。栅格化图层是因为软件中的很多操作是针对像素图的，对于矢量图不能操作。文字图层、填充内容、形状、图层样式、矢量蒙版、智能对象等可以栅格化。如果该项是灰色不可用，表明当前图层不需要或已经栅格化，如图 6-14 所示。

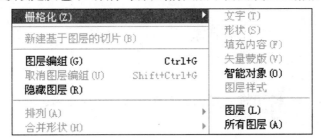

图 6-14 栅格化

7. 新建基于图层的切片

执行该操作，切片区域包含图层中的所有像素数据。如果移动该图层或编辑其内容，切片区域将自动调整以包含新的像素。

8. 图层编组

"图层编组"和执行"新建"—"组…"区别在于："图层编组"是直接生成一个组，所有属性自动生成，而后者是出现图层组对话框，编辑组的名字、透明度、颜色等信息后再生成组。

9. 排列与合并形状

排列操作可以调整选中的图层在整个图层中顺序。

执行"图层"—"合并形状"，需先选中两个或以上形状图层，可分别进行如图 6-15 所示的 4 种操作。

10. 锁定组内的所有图层

执行"图层"—"锁定组内的所有图层…"，弹出如图 6-16 所示对话框。

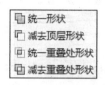

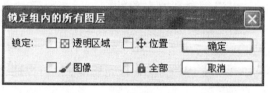

图 6-15　合并形状操作　　　图 6-16　锁定组内的所有图层对话框

锁定图层是为了防止误操作，Photoshop 提供了 4 种锁定方式：

（1）锁定透明像素。图层透明的部分不会发生任何变化。

（2）图像像素锁定。禁止对图层图像的绘制或者修改，但更改图层的表现方式，如移动图层、改变图层不透明度和混合模式等。

（3）锁定位置。图层无法移动。

（4）锁定全部。图层既无法绘制也无法移动。

11. 链接图层

链接图层就是把两个图层连起来，当进行拖动、缩放时，两个图层会一起跟着被拖动、被缩放。当要合并图层时，被链接的图层都会被合并。

链接图层的操作方法是：按住 Ctrl，依次单击要链接的图层，点击图层面板下方的链接图标 🔗 或菜单中的 链接图层(K) 项。取消链接单击 🔗 或 取消图层链接(K) 。

12. 合并图层

向下合并：合并当前图层和下一层图层。

合并可见图层：合并所有的可见图层。

拼合图像就是拼合图层。

13. 修边

在抠图完成后，"修边"用于去除前景图在加入新背景层后，残留在前景图边缘的黑色或白色或杂色的多余像素。

🅔 任务实现 ///

（1）新建文件，如图 6-17 所示。

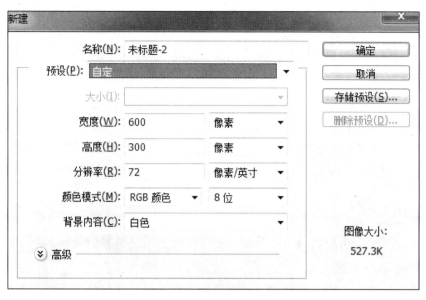

图 6-17 新建文件对话框

（2）点击图层面板下的按钮 ，建立"图层1"。显示出"标尺"，拉出参考线，采用工具箱中的单行选项框，填充黑色的方式，划出实线，把当前图层划分为四个格。

（3）下面以完成左上格的漫画为例。

用 ✿ 画出 ，用 ✿ 和自由变换工具实现 和 ，用 T 写出相应文字

今天的月色真好，最后把这些涉及图层进行 合并可见图层　　　　Shift+Ctrl+E ，这时图层面板如图 6-18 所示。效果图如图 6-19 所示。

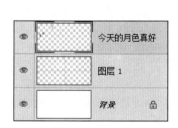

图 6-18 图层面板图示

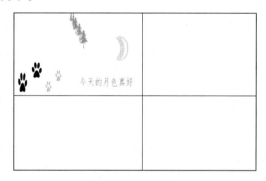

图 6-19 效果图

（4）按此方法，依次完成其他 3 个格的漫画

 技能训练 ///

请根据所学的知识，设计一幅 4 格漫画。

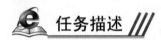 任务二　用图层混合模式调出不同的图像效果

任务描述

根据所给的 3 个素材如彩图 55 所示，通过设置合适的图层混合模式，实现如彩图 56 所示效果图。

理论知识

图层混合模式决定当前图层中的像素与其下面图层中的像素以何种模式进行混合。图层混合模式是 Photoshop 最强大的功能之一，在图层、图层样式、画笔、应用图像、计算等诸多地方都能看到它的身影，使用混合模式可以轻松实现多种特殊效果，图层的混合模式的分类如表 6-1 所示。

表 6-1　图层混合模式分类

正常 溶解	基础型混合模式（利用图层的不透明度及填充不透明度来控制与下面的图像进行混合）
变暗 正片叠底 颜色加深 线性加深 深色	降暗图像型混合模式，也称为减色模式。清除图像中的亮调图像，从而达到使图像变暗的目的
变亮 滤色 颜色减淡 线性减淡（添加） 浅色	提亮图像型混合模式，也称为加色模式。用于滤除图像中的暗调图像，从而达到使图像变亮的目的
叠加 柔光 强光 亮光 线性光 点光 实色混合	融合图像型混合模式。用于不同程度的对上、下两图层中的图像进行融合，此类混合模式还可以在一定程度上提高图像的对比度
差值 排除 减去 划分	变异图像型混合模式。用于制作各种变异图像效果
色相 饱和度 颜色 明度	色彩叠加型混合模式。依据图像的色相、饱和度等基本属性，完成图像之间的混合

在讲解图层的混合模式之前先来明确如下概念：A 和 B 是两个相邻图层，A 在上方，B 在下方，A 与 B 混合，A 是混合色，B 是基色；A 与 B 混合得到的颜色是结果色。

一、基础型混合模式

1. 正常 (normal) 模式

在"正常"模式下，"混合色"的显示与不透明度的设置有关。当"不透明度"为100%，也就是说完全不透明时，"结果色"的像素将完全由所用的"混合色"代替；当"不透明度"小于 100% 时，混合色的像素会透过所用的颜色显示出来，显示的程度取决于不透明度的设置与"基色"的颜色，如图 6-20 所示。

图 6-20　正常模式

2. 溶解 (dissolve) 模式

在"溶解"模式中，根据像素位置的不透明度，"结果色"由"基色"或"混合色"的像素随机替换（图 6-21）。用"溶解"模式可以创建多种效果，例如：可以在图像边缘周围创建一种"泼溅"的效果；制作模拟破损纸的边缘的效果；还可以利用"橡皮擦"工具，在一幅图像上方创建一个新的图层，并把填充的白色作为混合色，然后在"溶解"模式中，用"橡皮擦"工具擦除，可以创建类似于冬天上霜的玻璃中间被擦除的效果，如图 6-22 所示。

图 6-21　溶解模式

图 6-22　玻璃上霜效果

二、降暗图像型混合模式

1. 变暗 (darken) 模式

在"变暗"模式中，查看每个通道中的颜色信息，并选择"基色"或"混合色"中较暗的颜色作为"结果色"。比"混合色"亮的像素被替换，比"混合色"暗的像素保持不变，如图 6-23 所示。

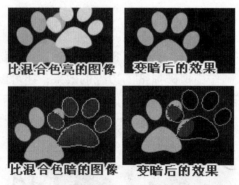

图 6-23　变暗模式

2. 正片叠底 (multiply) 模式

查看每个通道中的颜色信息并将基色与混合色溶合，结果色是较暗的颜色。即从"基色"中减去"混合色"的亮度值，得到最终的"结果色"，如图 6-24 所示。

按照混合色与基色中各 R、G、B 值计算，计算公式：结果色 R=（混合色 R × 基色 R）/255，G 值与 B 值同样的方法计算。最后得到的 R、G、B 值就是结果色的值（以下模式计算说明相同）。

因此，任何颜色与黑色混合产生黑色，与白色混合保持不变。用黑色或白色以外的颜色绘画时，绘画工具绘制的连续描边产生逐渐变暗的颜色。

3. 颜色加深 (clolor burn) 模式

查看每个通道中的颜色信息通过增加对比度使基色变暗以反

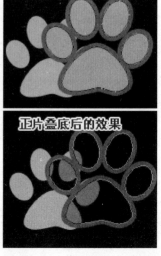

图 6-24　正片叠底模式

映混合色，与白色混合不产生变化。特点是加强深色区域，如图 6-25 所示。

按照混合色与基色中各 R、G、B 值计算，计算公式：结果色 R=（基色 R+ 混合色 R-255）×255/ 混合色 R，其中（基色 R+ 混合色 R-255）如果出现负数就直接归 0。

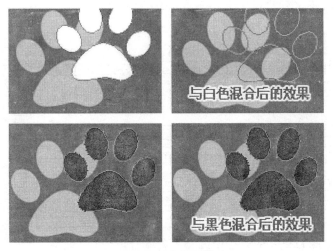

图 6-25　颜色加深模式

4. 线性加深 (linear burn) 模式

查看每个通道中的颜色信息，并通过减小亮度使"基色"变暗以反映混合色。"混合色"与"基色"上的白色混合后将不会产生变化。

按照混合色与基色中各 R、G、B 值计算，计算公式：结果色 R= 基色 R+ 混合色 R-255，如果（基色 R+ 混合色 R-255）小于 255，结果色就为 0，如图 6-26 所示。

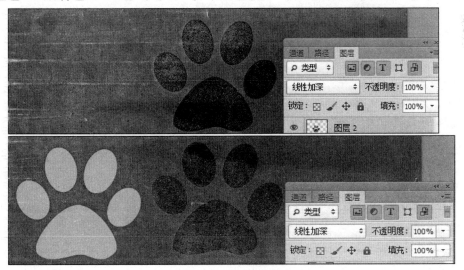

图 6-26　线性加深模式

5. 深色

深色混合模式比较好理解。它是通过计算混合色与基色的所有通道的数值，然后选择数值较小的作为结果色。因此，结果色只跟混合色或基色相同，不会产生出另外的颜色。白色与基色混合得到基色，黑色与基色混合得到黑色。

三、提亮图像型混合模式

1. 变亮 (lighten) 模式

在"变亮"模式中，查看每个通道中的颜色信息，并选择"基色"或"混合色"中较亮的颜色作为"结果色"。比"混合色"暗的像素被替换，比"混合色"亮的像素保持不变，如图6-27所示。

按照混合色与基色中各R、G、B值计算，计算公式：结果色R=max（基色R，混合色R）

2. 滤色 (screen) 模式

"滤色"模式与"正片叠底"模式正好相反，它将图像的"基色"颜色与"混合色"颜色结合起来产生较浅的颜色，如图6-28所示。即将"混合色"的互补色与"基色"复合。"结果色"总是较亮的颜色。用黑色过滤时颜色保持不变。用白色过滤将产生白色。

按照混合色与基色中各R、G、B值计算，计算公式：结果色R=255–[(255–基色R)×(255–混合色R)]/255。若混合色为0，则基色保持不变。

图6-27　变亮模式

图6-28　滤色模式

3. 颜色减淡 (clolor dodge) 模式

在"颜色减淡"模式中，查看每个通道中的颜色信息，并通过减小对比度使基色变亮以反映混合色。与黑色混合不发生变化，如图6-29所示。

按照混合色与基色中各R、G、B值计算，计算公式：结果色R= 基色R+（混合色R×基色R）/（255–混合色R）。设A= 基色R，B= 混合色R，C= 结果色R，则有：

图6-29　颜色减淡模式

（1）若混合色为0，由于A×B=0，则结果色等于基色。

（2）若混合色为128，分两种情况：当A≤128时，结果色=2基色；当A>128时，结果色>255归于白色。

（3）若混合色等于255，则混合色反相为0，无论基色为何值，结果色都大于255，归于白色。

4. 线性减淡 (linear dodge) 模式

在"线性减淡"模式中，查看每个通道中的颜色信息，并通过增加亮度使基色变亮以反映混合色，如图6-30所示。与黑色混合不发生变化。

按照混合色与基色中各R、G、B值计算，计算公式：结果色R= 基色R+ 混合色R。设A= 基色R，B= 混合色R，C= 结果色R，则有：

（1）若混合色为255，则不论基色为何值，结果色均为255。

（2）若混合色为 128，分两种情形：当 A ≥ 128 时，结果色大于 255，归为白色；当 A < 128 时，结果色小于 255，是一个变亮但没有缩窄的条纹。

（3）混合色 =0，结果色等于基色，即与黑色混合不发生任何变化。

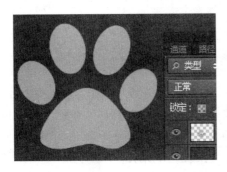

图 6-30 线性减淡模式

5. 浅色

浅色模式等同于变亮模式的结果色，比较混合色和基色的所有通道值的总和，并显示较亮的颜色。浅色模式不会生成第三种颜色，其结果色是混合色和基色当中明度较高的那层颜色，结果色不是基色就是混合色。

四、融合图像型混合模式

1. 叠加 (overlay) 模式

以基色为中心的"叠加"模式，作为基色的原始图像始终占据主导地位。作为混合色的图像至多能影响图像的饱和度，因此很少见到混合后色阶溢出导致细节损失的情形出现。它是"叠加"模式组中唯一一个基色决定混合效果的模式，如图 6-31 所示。

按照混合色与基色中各 R、G、B 值计算，设 A= 基色 R，B= 混合色 R，C= 结果色 R，则有：

当基色 R ≤ 128 时，C=AB/128。

当基色 R > 128 时，以 255-[(255-A)×(255-B)/128。

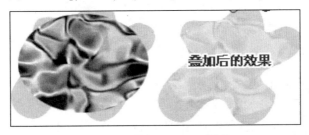

图 6-31 叠加 (Overlay) 模式

2. 柔光 (soft light) 模式

"柔光"模式会产生一种柔光照射的效果。使颜色变亮或变暗具体取决于混合色，此效果与发散的聚光灯照在图像上相似。如果混合色（光源）比 50% 灰色亮，则图像变亮就像被减淡了一样。如果混合色（光源）比 50% 灰色暗，则图像变暗。用纯黑色或纯白色绘画会产生明显较暗或较亮的区域，但不会产生纯黑色或纯白色，如图 6-32 所示。

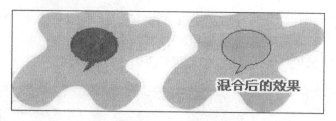

图 6-32　柔光模式

3. 强光 (hard light) 模式

"强光"模式产生一种强光照射的效果。如果"混合色"颜色比"基色"颜色的像素更亮一些，那么"结果色"颜色将更亮；如果"混合色"颜色比"基色"颜色的像素更暗一些，那么"结果色"将更暗。这种模式实质上同"柔光"模式是一样的，只是它的效果要比"柔光"模式更强烈一些，如图 6-33 所示。

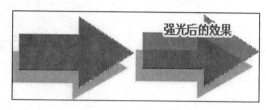

图 6-33　强光模式

4. 亮光 (vivid light) 模式

通过增加或减小对比度来加深或减淡颜色，具体取决于混合色。如果混合色（光源）比 50% 灰色亮，则通过减小对比度使图像变亮。如果混合色比 50% 灰色暗，则通过增加对比度使图像变暗，如图 6-34 所示。

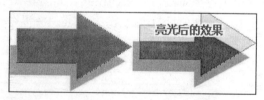

图 6-34　亮光模式

5. 线性光 (linear light) 模式

通过减小或增加亮度来加深或减淡颜色，具体取决于混合色。如果混合色（光源）比 50% 灰色亮，则通过增加亮度使图像变亮。如果混合色比 50% 灰色暗，则通过减小亮度使图像变暗，如图 6-35 所示。

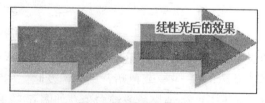

图 6-35　线性光模式

6. 点光 (pin light) 模式

"点光"模式其实就是替换颜色，其具体取决于混合色。如果"混合色"比 50% 灰色亮，则替换比"混合色"暗的像素，而不改变比"混合色"亮的像素。如果"混合色"比 50% 灰色暗，则替换比"混合色"亮的像素，而不改变比"混合色"暗的像素，如图 6-36 所示。

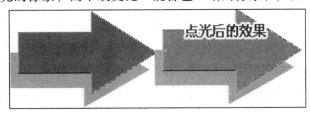

图 6-36 点光模式

7. 实色混合

将混合颜色的红色、绿色和蓝色通道值添加到基色的 RGB 值。如果通道的结果总和大于或等于 255，则值为 255；如果小于 255，则值为 0。因此，在"实色混合"模式下，用户只能从图像上找到 8 种纯色——三原色三补色及黑白（红、绿、蓝、黄、青、品红、白、黑）。

五、变异图像型混合模式

1. 差值 (difference) 模式

查看每个通道中的颜色信息并从基色中减去混合色，或从混合色中减去基色，具体取决于哪一个颜色的亮度值更大。与白色混合将反转基色值，与黑色混合则不产生变化，如图 6-37 所示。

按照混合色与基色中各 R、G、B 值计算，设 A= 基色 R，B= 混合色 R，C= 结果色 R，则有：C=|A–B|。

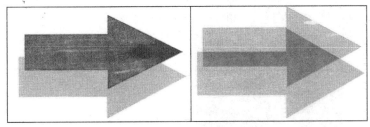

图 6-37 差值模式

2. 排除 (exclusion) 模式

"排除"模式与"差值"模式相似，但是具有高对比度和低饱和度的特点。比用"差值"模式获得的颜色要柔和、更明亮一些。建议在处理图像时，首先选择"差值"模式，若效果不够理想，可以选择"排除"模式来试试。其中与白色混合将反转"基色"值，而与黑色混合则不发生变化。其实无论是"差值"模式还是"排除"模式都能使人物或自然景色图像产生更真实或更吸引人的图像合成，如图 6-38 所示。

按照混合色与基色中各 R、G、B 值计算，设 A= 基色 R，B= 混合色 R，C= 结果色 R，则有：C=A+B–（AB）/128。

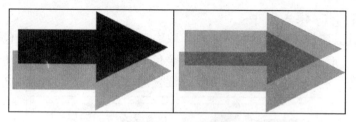

图 6-38　排除模式

3. 减去模式

查看每个通道中的颜色信息，并从基色中减去混合色。如果出现负数就归为零。与基色相同的颜色混合得到黑色；白色与基色混合得到黑色；黑色与基色混合得到基色，如图 6-39 所示。

按照混合色与基色中各 R、G、B 值计算，计算公式：结果色 R= 基色 R– 混合色 R，如图 6-39 所示。

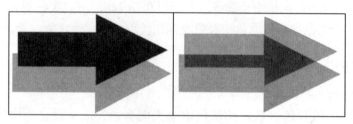

图 6-39　减去模式

4. 划分模式

划分模式查看每个通道的颜色信息，并用基色分割混合色。基色数值大于或等于混合色数值，混合出的颜色为白色。基色数值小于混合色，结果色比基色更暗。白色与基色混合得到基色，黑色与基色混合得到白色，如图 6-40 所示。

按照混合色与基色中各 R、G、B 值计算，计算公式：结果色 R=（基色 R/ 混合色 R）× 255。

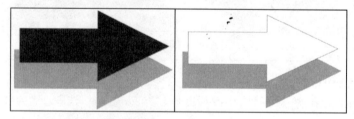

图 6-40　划分模式

六、色彩叠加型混合模式

1. 色相模式

用混合色的色相以及基色的亮度和饱和度创建结果色。色相代表颜色，也就是看到的红、绿、蓝等，其中黑色、灰色、白色是没有颜色和饱和度的，也就是相关数值为 0，如图 6-41 所示。

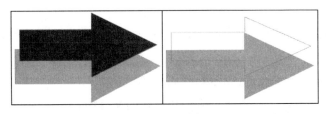

图 6-41 色相模式

2. 饱和度 (saturation) 模式

用混合色的饱和度以及基色的亮度和色相创建结果色。饱和度控制颜色的鲜艳程度，因此混合色只改变图片的鲜艳度，不能影响颜色。黑、白、灰颜色的饱和度为 0，混合后只能产生一种灰色效果，如图 6-42 所示。

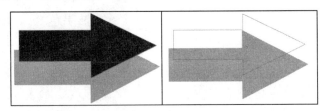

图 6-42 饱和度模式

3. 颜色 (color) 模式

用混合色的色相和饱和度以及基色的亮度创建结果色。"颜色"模式可以看作"饱和度"模式和"色相"模式的综合效果。在这种模式下混合色控制整个画面的颜色，是黑白图片上色的绝佳模式，这种模式下会保留基色图片即黑白图片的明度。黑、白、灰三种颜色的色相与饱和度都是 0，与基色混合会产生相同的灰色效果，如图 6-43 所示。

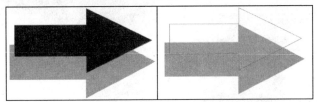

图 6-43 颜色模式

4. 明度 (luminosity) 模式

用混合色的亮度以及基色的色相和饱和度创建结果色，此模式创建的效果与"颜色"模式创建的效果相反，因此混合色图片只能影响图片的明暗度，不能对基色的颜色产生影响，黑、白、灰除外，如图 6-44 所示。黑色与基色混合得到黑色；白色与基色混合得到白色；灰色与基色混合得到明同的基色。

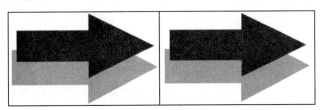

图 6-44 明度模式

任务实现 ///

（1）新建一个文件，高与宽都是 11cm。分辨率为 300，RGB，白色。

（2）在背景层上填充颜色 (227，135，5)

（3）打开彩图 55 素材 1，复制并粘贴到建好的文件中，产生图层 1。按 Ctrl+T，再按住 Shift，把图层 1 按比例拖小一点儿，露出四周的背景色，如图 6-45 所示。

（4）选中图层 1，设置"正片叠底"混合模式，如图 6-46 所示。

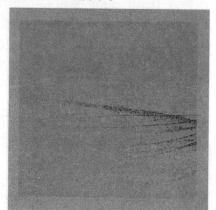

图 6-45　图层 1 示例图　　　　　图 6-46　图层 1 应用"正片叠底"混合模式

（5）打开彩图 55 素材 2，并把其复制并粘贴到文件上，产生图层 2，并设置图层 2 的混合模式为"正片叠底"，效果如图 6-47 所示。

（6）打开彩图 55 素材 3，复制并粘贴到文件中，产生图层 3，如图 6-48 所示。

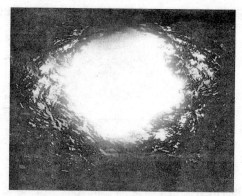

图 6-47　图层 2 应用"正片叠底"混合模式　　　图 6-48　图层 3 示例

（7）按 Ctrl+T，把它放大到与文件一样大小。按住 Alt，拉它的边线，可以保持中心，两边同时变大变小。按 Ctrl+I，反相，成为中间黑色，四周白色。把图层 3 的混合模式改成"滤色"，效果如彩图 56 所示。

技能训练 ///

收集相关图片素材，利用所学知识，实现类似如图 6-49 所示的效果。

一切美妙尽在12.12
满49元包邮
双12来了
YOU准备好了吗？
5优惠券
点击领取
10优惠券
点击领取
满99元
猛戳GO

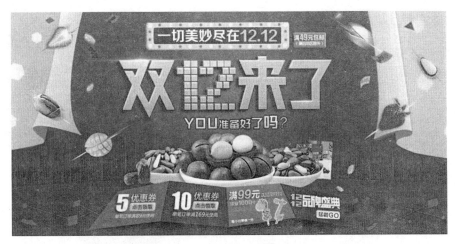

图 6–49　技能训练实现效果图

任务三　用图层样式制作不同的按钮效果

任务描述

制作如彩图 57 所示的非常通透的宝石质感按钮。

理论知识

图层面板下方的“添加图层样式”按钮 *fx* 或“图层”菜单的“图层样式”，都可以出现图层样式的菜单，如图 6–50 所示。

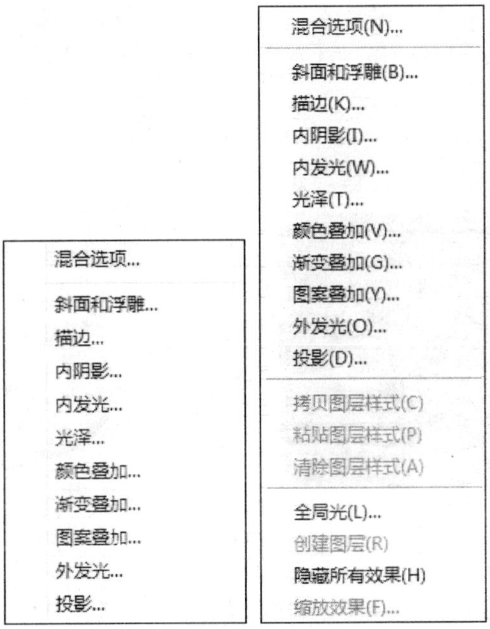

混合选项...
斜面和浮雕...
描边...
内阴影...
内发光...
光泽...
颜色叠加...
渐变叠加...
图案叠加...
外发光...
投影...
混合选项(N)...
斜面和浮雕(B)...
描边(K)...
内阴影(I)...
内发光(W)...
光泽(T)...
颜色叠加(V)...
渐变叠加(G)...
图案叠加(Y)...
外发光(O)...
投影(D)...
拷贝图层样式(C)
粘贴图层样式(P)
清除图层样式(A)
全局光(L)...
创建图层(R)
隐藏所有效果(H)
缩放效果(F)...

图 6–50　图层样式

一、斜面和浮雕

1. 斜面和浮雕选项

斜面和浮雕可以说是 Photoshop 层样式中最复杂的，其中包括内斜面、外斜面、浮雕、枕形浮雕和描边浮雕。虽然每一项中包含的设置选项都是一样的，但是制作出来的效果却大相径庭。斜面和浮雕选项卡如图 6-51 所示。

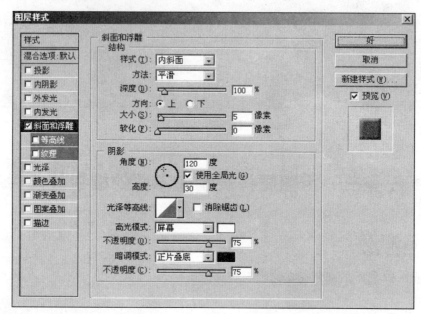

图 6-51　斜面和浮雕选项卡

（1）斜面和浮雕的类型

斜面和浮雕的样式包括内斜面、外斜面、浮雕、枕形浮雕和描边浮雕。

1）内斜面

添加了内斜面的层好像同时多出一个高光层（在其上方）和一个投影层（在其下方），如图 6-52 所示。

可再将图片的背景色设置为白色，然后为圆所在的层添加"内斜面"样式，再将该层的填充不透明度设置为 0，效果如图 6-53 所示。

图 6-52　添加内斜面

图 6-53　白色背景内斜面样式

2）外斜面

设置了外斜面样式的层会多出两个"虚拟"的层，一个在上，一个在下，分别是高光层和阴影层，可用将背景分别设置黑色和白色的方法分别将"虚拟"的高光层和阴影分离出来，如图 6-54 所示。

图 6-54　外斜面

3）浮雕

前面介绍的斜面效果添加的"虚拟"层都是一上一下的，而浮雕效果添加的两个"虚拟"层则都在层的上方，不需要调整背景颜色和层的填充不透明度就可以同时看到高光层和阴影层，如图 6-55 所示。

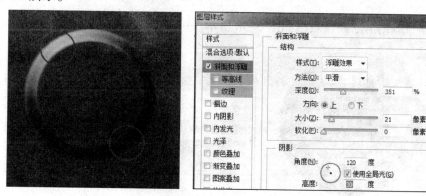

图 6-55　浮雕

4）枕形浮雕

枕形浮雕相当复杂，添加了枕形浮雕样式的层会一下子多出四个"虚拟"层，两个在上，两个在下。上下各含有一个高光层和一个阴影层，如图 6-56 所示。因此可把枕形浮雕看作内斜面和外斜面的混合体。

图 6-56　枕形浮雕

　　图层首先被赋予一个内斜面样式，形成一个突起的高台效果，然后又被赋予一个外斜面样式，整个高台又陷入一个"坑"当中。

　　（2）方法（technical）

　　这个选项可以设置三个值，包括平滑（soft）、雕刻柔和（chisel soft）、雕刻清晰（chisel hard）。其中"平滑"是默认值，选中这个值可以对斜角的边缘进行模糊，从而制作出边缘光滑的高台效果，如图6-57所示。

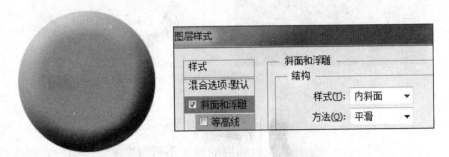

图6-57　平滑

　　如果选择"雕刻清晰"，效果如图6-58所示。

图6-58　雕刻清晰

　　"雕刻柔和"是一个折中的值，如图6-59所示。

图6-59　雕刻柔和

　　（3）深度（depth）

　　"深度"必须和"大小"配合使用，"大小"一定的情况下，用"深度"可以调整高台的截面梯形斜边的光滑程度。首先将"深度"设置的小一些（图6-60），再将"深度"设置为最大（1000%），如图 6-61 所示。

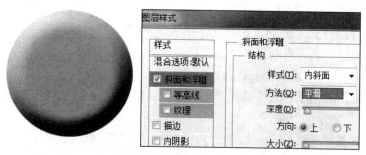

图 6-60 设置深度值小

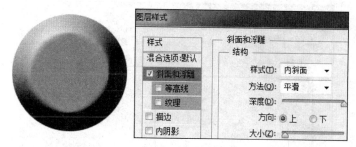

图 6-61 设置深度值大

（4）方向（direction）

方向的设置值只有"上"和"下"两种，其效果和设置"角度"是一样的。在制作按钮的时候，"上"和"下"可以分别对应按钮的正常状态和按下状态，比使用角度进行设置更方便，也更准确。

（5）软化（soften）

软化一般用来对整个效果进行进一步模糊，使对象的表面更加柔和，减少棱角感。

（6）角度（angle）

这里的角度设置要复杂一些。圆当中不是一个指针，而是一个小小的十字，角度通常可以和光源联系起来，对于斜面和浮雕效果作用会更大。斜面和浮雕的角度调节不仅能够反映光源方位的变化，而且可以反映光源和对象所在平面所成的角度。设置既可以在圆中拖动设置，也可以在旁边的编辑框中直接输入。例如：首先将角度设置为 67°，得到效果如图 6-62 所示（如果设置为 90°，光源就会移到对象的正上方）。

接下来再将角度设置为较小的值（11°），得到效果如图 6-63 所示（注意，光源的高度降低了，如果将高度设置为 0，光源将会落到对象所在的平面上，斜面和浮雕效果就会消失）。

图 6-62 角度值大效果

图 6-63 角度值小效果

（7）使用全局光（use global light）

"使用全局光"这个选项一般都应当选上，表示所有的样式都受同一个光源的照射，也就是说，调整一种层样式（例如投影样式）的光照效果，其他的层样式的光照效果也会自动进行完全一样的调整。当需要制作多个光源照射的效果，需清除这个选项。

（8）光泽等高线（gloss contour）

"斜面和浮雕"的光泽等高线效果不太好把握，如果设计了一个如图 6-64 所示的等高线，就会得到如图 6-65 所示的效果。

为进一步理解光泽等高线，可以将"角度"和"高度"都设置为 90°（将光源放到对象正上方去），效果如图 6-66 所示。

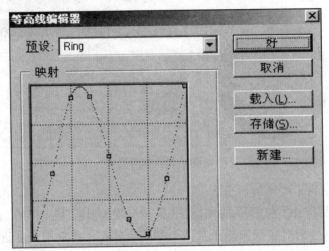

图 6-64　设计等高线

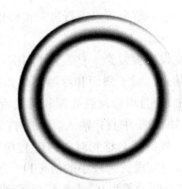

图 6-65　等高线效果图　　　　图 6-66　角度"和"高度"设为 90°

（9）高光模式和不透明度

"斜面和浮雕"效果可以分解为两个"虚拟"的层，分别是高光层和阴影层。这个选项就是调整高光层的颜色、混合模式和透明度的。例如：将对象的高光层设置为红色实际等于将光源颜色设置为红色，注意混合模式一般应当使用"滤色"，因为这样才能反映出光源颜色和对象本身颜色的混合效果，如图 6-67 所示。

图 6-67 红色高光层

（10）阴影模式和不透明度（shadow mode and opacity）

阴影模式的设置原理和上面一样，但是由于阴影层的默认混合模式是正片叠底（multiply），有时会出现修改颜色后看不出效果的现象，因此可将层的填充不透明度设置为 0，可以得到如图 6-68 所示的效果。

图 6-68 阴影模式

2. 等高线选项

"斜面和浮雕"样式中的等高线容易让人混淆，除了在对话框右侧有"等高线"设置，在对话框左侧也有"等高线"设置。它们的区别是：对话框右侧的"等高线"是"光泽等高线"（图 6-69），这个等高线只会影响"虚拟"的高光层和阴影层；而对话框左侧的等高线（图 6-70）则是用来为对象（图层）本身赋予条纹状效果。

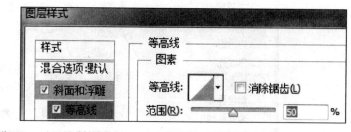

图 6-69 对话框右侧"光泽等高线"设置　　　　图 6-70 对话框左侧"等高线"设置

3. 纹理选项

纹理用来为层添加材质，其设置比较简单：可在下拉框中选择纹理，按纹理的应用方式进行设置，如图 6-71 所示。

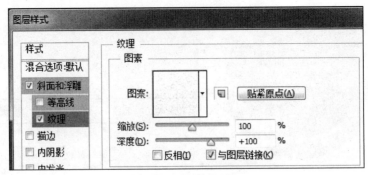

图 6-71　纹理选项卡

常用的选项包括：

（1）缩放：对纹理贴图进行缩放。

（2）深度：修改纹理贴图的对比度。深度越大（对比度越大），层表面的凹凸感越强，反之凹凸感越弱。

（3）反相：将层表面的凹凸部分对调。

（4）与图层连接：选中这个选项可以保证层移动或者进行缩放操作时纹理随之移动和缩放。

二、光泽

光泽（satin）有时也译作"绸缎"，用来在层的上方添加一个波浪形（或者绸缎）效果。它的选项虽然不多，但是很难准确把握，有时候设置值微小的差别都会使效果产生较大的区别。可以将光泽效果理解为光线照射下反光度比较高的波浪形表面（如水面）显示出来的效果，如图 6-72 所示。

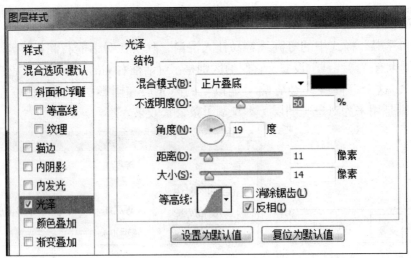

图 6-72　光泽选项卡

光泽效果和图层的内容直接相关，如果图层中的内容是一个圆，添加光泽样式后效果如图 6-73 所示。

将同样的样式赋予一个内容为矩形的图层时，效果如图 6-74 所示。

而如果赋予一个外形不规则的图层，则效果更加特别如图 6-75 所示。

图 6-73　圆图层应用光泽效果

图 6-74　矩形图层应用光泽效果

图 6-75　外形不规则图层应用光泽效果

通过不断调整这几种图形的设置值可以逐渐发现光泽样式的显示规律：有两组外形轮廓和层的内容相同的多层光环彼此交叠构成了光泽效果。下面以矩形图层的光泽效果为例对主要选项进行说明：

1. 混合模式（blend mode）

默认的设置值是"正片叠底"（multiply）。

2. 不透明度（opacity）

设置值越大，光泽越明显，反之，光泽越暗淡。

3. 颜色

修改光泽的颜色，由于默认的混合模式为"正片叠底"，修改颜色产生的效果一般不会很明显。可将混合模式改为"正常"，如图 6-76 所示。

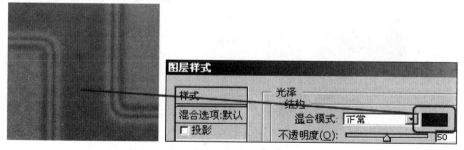

图 6-76　应用光泽—颜色

4. 角度（angle）

设置照射波浪形表面的光源方向。

5. 距离（distance）

设置两组光环之间的距离（光泽样式中的光环显示出来的部分都是不完整的，例如矩形的光环只有一个角），分别设置三个值看看光环逐步靠近的效果，如图 6-77～图 6-79 所示。

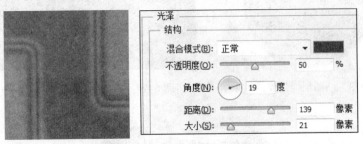

图 6-77　两组光环距离比较远

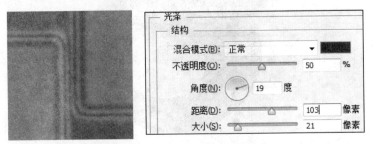

图 6-78　两组光环紧紧相连

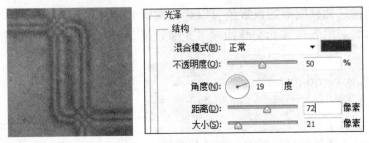

图 6-79　两组光环交叠在一起

6. 大小（size）

大小用来设置每组光环的宽度，例如大小设置值较小时效果如图 6-80 所示。

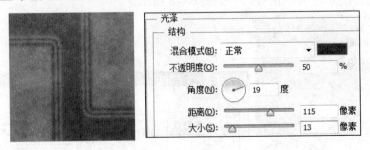

图 6-80　大小设置值较小

将其值设置较大时效果如图 6-81 所示。

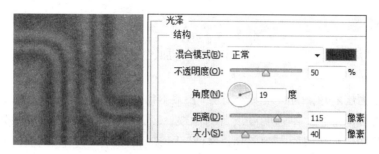

图 6-81 大小设置值较大

7. 等高线（contour）

等高线用来设置光环的数量，当设置含两个波峰的等高线时，得到的光环有两个，如图 6-82 所示。

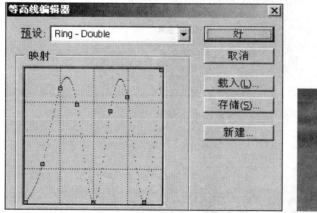
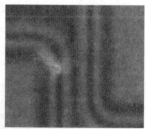

图 6-82 两个波峰等高线

如果将等高线调整为含有三个波峰，那么光环将相应地变成三个，如图 6-83 所示。

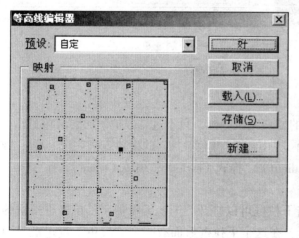

图 6-83 三个波峰等高线

总的来说，光泽效果就是两组光环的交叠，光环的数量、距离以及交叠设置的灵活性非常大，经常被用来制作绸缎或者水波效果。

三、叠加

Photoshop 中有三种叠加：颜色叠加、渐变叠加、图案叠加。

1. 颜色叠加

作用相当于为层着色。例如为一个图层（图 6-84）添加"颜色叠加"样式，并将叠加的"虚拟"层的颜色设置为绿色，不透明度设置为 30%，可以得到如图 6-85 所示效果。可以看到，添加了样式后的颜色是图层原有颜色和"虚拟"层颜色的混合（这里的混合模式是"正常"）。

图 6-84 原始图层的颜色

图 6-85 颜色叠加

2. 渐变叠加

"渐变叠加"和"颜色叠加"的原理完全一样，只不过"虚拟"层的颜色是渐变的。"渐变叠加"的选项中，混合模式以及不透明度和"颜色叠加"的设置方法完全一样。"渐变叠加"样式多出来的选项包括：渐变（gradient）、样式（style）、缩放（scale）。

（1）渐变（gradient）

设置渐变色（图 6-86），单击下拉框可以打开"渐变编辑器"，单击下拉框的下拉按钮可以在预设置的渐变色中进行选择。在这个下拉框后面有一个"反色"复选框，用来将渐变色的"起始颜色"和"终止颜色"对调。

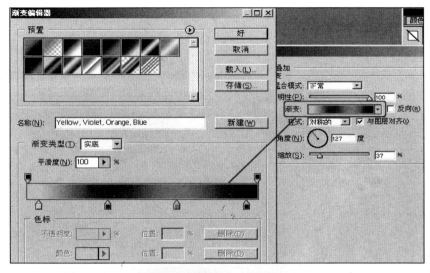

图 6-86　渐变叠加之渐变设置

（2）样式（style）

设置渐变的类型，包括线性、径向、对称、角度和菱形。这几种渐变类型都比较直观，不过"角度"稍微有点特别，它会将渐变色围绕图层中心旋转 360° 展开，也就是沿着极坐标系的角度方向展开，其原理和在平面坐标系中沿 X 轴方向展开形成的"线性"渐变效果一样，如图 6-87 所示。

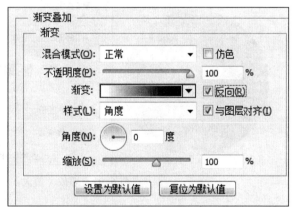

图 6-87　角度样式

如果将上面的"反向"复选框清除，就可以得到如图 6-88 的效果。

如果选择了"角度"渐变类型，"与图层对齐"复选框就要特别注意，它的作用是确定极坐标系的原点，如果选中，原点在图层内容（在以上例子中就是那个圆）的中心上，否则，原点将在整个图层（包括透明区域）的中心上，如图 6-89 所示。

清除"与图层对齐"复选框之后，极坐标的原点略向下移动了一点，如图 6-90 所示。

（3）缩放（scale）

缩放用来截取渐变色的特定部分作用于"虚拟"层上，其值越大，所选取的渐变色的范围越小（图 6-91），否则范围越大（图 6-92）。

图 6-88　无反向角度样式　　　　　图 6-89　与图层对齐角度样式

图 6-90　清除与图层对齐角度样式

图 6-91　缩放（值大）

图 6-92　缩放（值小）

3. 图案叠加

"图案叠加"样式的设置方法和前面在"斜面与浮雕"中介绍的"纹理"完全一样，如图 6-93 所示。

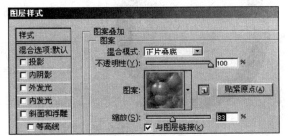

图 6-93 图案叠加

最后要注意的是，这三种叠加样式是有主次关系的，主次关系从高到低分别是颜色叠加、渐变叠加和图案叠加。即，如果同时添加了这三种样式，并且将它们的不透明度都设置为 100%，那么只能看到"颜色叠加"产生的效果。要想使层次较低的叠加效果能够显示出来，必须清除上层的叠加效果或者将上层叠加效果的不透明度设置为小于 100% 的值。

四、描边

描边样式就是沿着层中非透明部分的边缘描边，如图 6-94 所示。

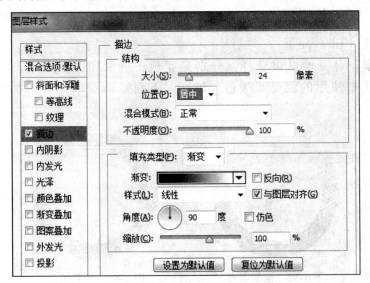

图 6-94 描边选项卡

描边样式的主要选项包括：大小、位置、填充类型等。

1. 大小（size）

可设置描边的宽度。

2. 位置（position）

设置描边的位置，可以使用的选项包括内部、外部和居中，分别用图 6-95 ～图 6-97 说明，注意看边和选区之间的关系。

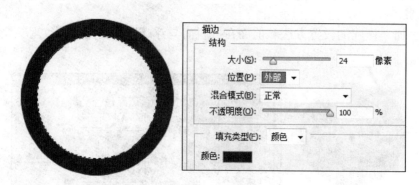

图 6-95　外部描边

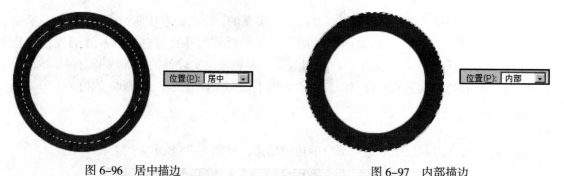

图 6-96　居中描边　　　　　　　　　　图 6-97　内部描边

3. 填充类型（fill type）

"填充类型"有三种可供选择，分别是颜色、渐变和图案，用来设定边的填充方式。前面的例子中使用的就是"颜色"填充，下面是渐变填充（图 6-98）和图案填充（图 6-99）。

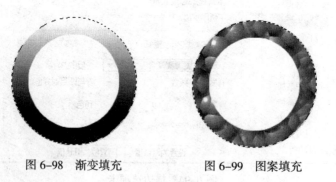

图 6-98　渐变填充　　　　图 6-99　图案填充

五、混合选项

图层样式对话框左侧最上方选项就是"混合选项：默认"（图 6-100）。如果修改了右侧的选项，其标题将会变成"混合选项：自定义"。

1. 不透明度（opacity）

这个选项的作用和图层面板中的一样。在这里修改不透明度的值，图层面板中的设置也会有相应的变化。这个选项会影响整个层的内容。

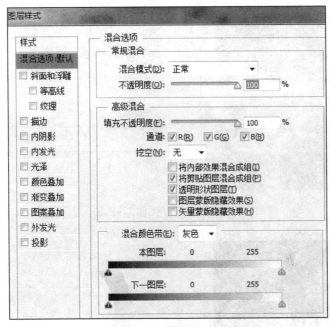

图 6-100 混合选项

2. 混合颜色带（blend if）

这是一个相当复杂的选项，通过调整这个滑动条可以让混合效果只作用于图像中的某个特定区域，可以对每一个颜色通道进行不同的设置，如果要同时对三个通道进行设置，应当选择"灰色"。"混合颜色带"功能可以用来进行高级颜色调整。

在"本图层"（this bar）上有两个滑块，比左侧滑块更暗或者比右侧滑块更亮的像素将不会显示出来。在"下一图层"（underlying layer）上也有两个滑块，图片上比左边滑块暗的部分将不会被混合，相应地，亮度高于右侧滑块设定值的部分也不会被混合。如果当前层的图片和下一图层内容相同，进行这些调整可能不会有效果，不过有时也会出现一些奇怪的效果。

下面通过一个实例介绍"混合颜色带"的使用方法。调整前的效果如图 6-101 所示。

按如图 6-102 所示进行调整，调整后的效果图为：图片中颜色较深的部分（红色部分）变成了透明的，而中间闪电的颜色较浅（白色）仍然保留，并且留下的部分周围出现了明显的锯齿和色块，将此层命名为"闪电"。

在这个层的下面建立一个用黑色填充的层，然后选中"闪电"层，打开图层样式对话框，拖动"混合颜色带"下"本图层"左边的滑块，使背景显露出来，如图 6-103 所示。

为了使混合区域和非混合区域之间平稳过渡，需将滑动块分成两个独立的小滑块进行操作，方法：按住 Alt 键拖动滑块，如图 6-104 所示。

图 6-101 调整前效果

现在闪电周围的锯齿少了很多，继续进行调整可以获得更佳的效果。

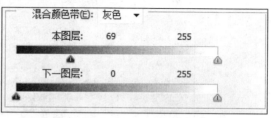

图 6-102　图像调整

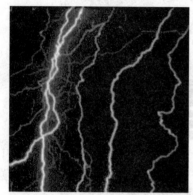

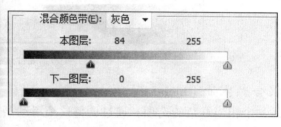

图 6-103　"混合颜色带"调整

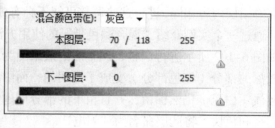

图 6-104　"混合颜色带"进一步调整

3. 挖空（knockout）

挖空方式有三种，即深、浅和无，用来设置当前层在下层上"打孔"并显示下层内容的方式。如果没有背景层，当前层就会在透明层上打孔。

注：要想看到"挖空"效果，必须将当前层的填充不透明度设置为 0 或者一个小于 100%的设置来使其效果显示出来，如图 6-105 所示。

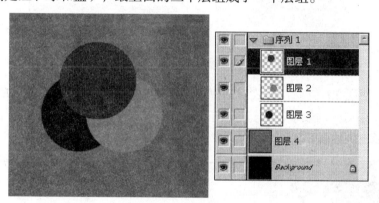

图 6-105 高级混合项

特别地，对是否是图层组成员的层进行"挖空"效果是不同的。如果对不是图层组成员的层设置"挖空"，这个效果将会一直穿透到背景层，这时将"挖空"设置为"浅"或者"深"是没有区别的。但是如果当前层是某个图层组的成员，那么"挖空"设置为"深"或者"浅"就有了区别。如果设置为"浅"，打孔效果将只能进行到图层组下面的一个层；如果设置为"深"，打孔效果将一直深入到背景层。

图 6-106 由五个层组成，背景层为黑色，背景层上面是图层 4（灰色），再上面是图层 1、2、3（颜色分别是红、绿和蓝），最上面的三个层组成了一个层组。

图 6-106 五个图层的原图

选择"图层 1"，打开层样式对话框，设置"挖空"为"浅"并将"填充不透明度"设置为 0，可以得到如图 6-107 所示的效果。

可以看到，图层 1 中红色圆所占据的区域打了一个"孔"，并深入到"图层 4"上方，从而使"图层 4"的灰色显示出来。由于填充不透明度被设置为 0，图层 1 的颜色完全没有保留。如果将填充不透明度设置为大于 0 的值，会有略微不同的效果。

如果再将"挖空"方式设置为"深"，将得到如图 6-108 所示的效果。

图 6-107 "挖空"方式设置为"浅"

图 6-108 "挖空"方式设置为"深"

红色圆占据的部分深入到了背景层的上方从而使背景的黑色显示了出来。

4. 将剪切图层混合成组（blend clipped layers as group）

选中这个选项可以将构成一个剪切组的层中最下面的那个层的混合模式样式应用于这个组中的所有的层。如果不选中这个选项，组中所有的层都将使用自己的混合模式。为了演示这个效果，首先在上面的那个例子中将图层 1 和图层 2 转换成图层 3 的剪切图层，方法是按住 Alt 键单击图层之间的横线（创建剪贴蒙版），如图 6-109 所示。

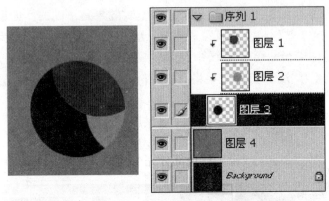

图 6-109　图层 1 和图层 2 转换成图层 3 的剪切图层

接下来双击图层 3 打开图层样式对话框，选中"将剪切图层混合成组"选项，然后减小"填充不透明度"，可以得到的效果（注意其中的红色区域和绿色区域分别是图层 1 和图层 2 的内容，它们也受到了影响）如图 6-110 所示。

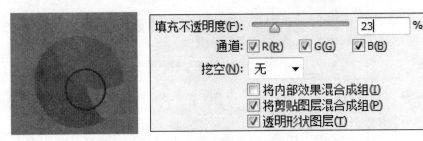

图 6-110　选中"将剪切图层混合成组"选项

如果不选中该选项，调整"填充不透明度"会得到如图 6-111 所示的效果。

图 6-111　不选中"将剪切图层混合成组"选项

5. 将内部效果混合成组（blend interior effects as group）

这个选项用来使混合模式影响所有落入这个层的非透明区域的效果，例如内侧发光、内侧阴影、光泽效果等都将落入层的内容中，因而会受到其影响。但是其他在层外侧的效果（如投影效果）由于没有落入层的内容中，因而不会受到影响。例如，首先为图层 1 添加一个"光泽"效果，如图 6-112 所示。

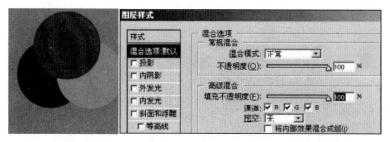

图 6-112　为图层 1 添加光泽效果

然后到混合选项中调整"填充不透明度"，首先选中"将内部效果混合成组"，然后将"填充不透明度"设置为 0，得到的效果（红色部分完全消失了）如图 6-113 所示。

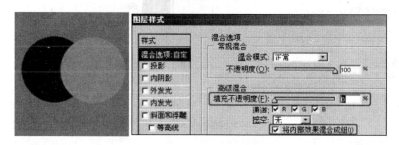

图 6-113　图层 1 消失

如果不选中"将内部效果混合成组"，效果（虽然红色部分消失了，但是"光泽"效果仍然保留了下来）如图 6-114 所示。

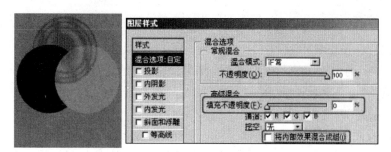

图 6-114　图层 1 光泽保留

六、投影

添加投影（dropshadow）效果后，层的下方会出现一个轮廓和层的内容相同的"影子"，这个影子有一定的偏移量，默认情况下会向右下角偏移。阴影的默认混合模式是正片叠底（multiply），不透明度 75%，如图 6-115 所示。

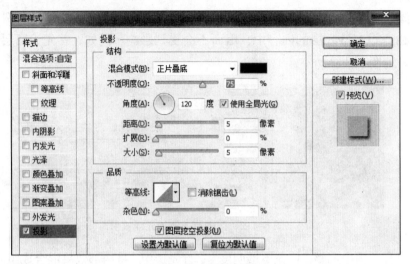

图 6-115　投影样式

1. 混合模式（blend mode）

由于阴影的颜色一般都是偏暗的，因此这个值通常被设置为"正片叠底"，不必修改。

2. 颜色设置

单击混合模式右侧的颜色框可以对阴影的颜色进行设置，如图 6-116 所示。

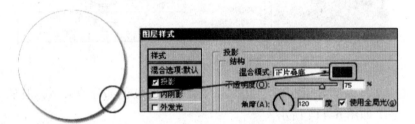

图 6-116　阴影颜色设置

3. 不透明度（opacity）

默认值是 75%，通常这个值不需要调整。如果要阴影的颜色显得深一些，应当增大这个值，反之减少这个值。

4. 角度（angle）

设置阴影的方向，如果要进行微调，可以使用右边的编辑框直接输入角度。在圆圈中，指针指向光源的方向，显然，相反的方向就是阴影出现的地方，如图 6-117 所示。

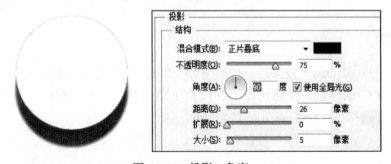

图 6-117　投影—角度

5. 距离（distance）

距离指阴影和层的内容之间的偏移量，这个值设置越大，会让人感觉光源的角度越低，反之越高。

6. 扩展（spread）

这个选项用来设置阴影的大小，其值越大，阴影的边缘显得越模糊，可以将其理解为光的散射程度比较高（如白炽灯），反之，其值越小，阴影的边缘越清晰，如同探照灯照射一样。注意：扩展的单位是百分比，具体的效果会和"大小"相关，"扩展"设置值的影响范围仅仅在"大小"所限定的像素范围内，如果"大小"的值设置比较小，扩展的效果不是很明显，如图 6-118 所示。

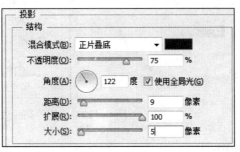

图 6-118　投影—扩展

7. 大小（size）

这个值可以反映光源距离层内容的距离，其值越大，阴影越大，表明光源距离层的表面越近，反之阴影越小，表明光源距离层的表面越远。

8. 等高线（contour）

等高线用来对阴影部分进行进一步的设置，等高线的高处对应阴影上的暗圆环，低处对应阴影上的亮圆环，可以将其理解为"剖面图"。如果不好理解等高线的效果，可以将"图层挖空阴影"前的复选框清空，就可以看到等高线的效果了。

假设设计一个含有三个波峰和两个波谷的等高线如图 6-119 所示。

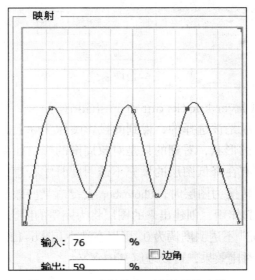

图 6-119　三个波峰和两个波谷等高线

这时的阴影中就会出现两个亮圆环（白色）和三个暗圆环（红色）。注意：为了使图 6-120 中的效果更加明显，在这里对投影进行了比较夸张的设置，看上去更像发光效果了，不过它事实上仍然是阴影效果。

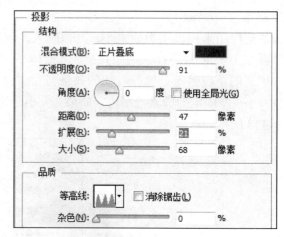

图 6-120　应用等高线效果图

9. 杂色（noise）

杂色对阴影部分添加随机的透明点，如图 6-121 所示。

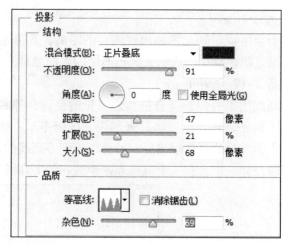

图 6-121　杂色

10. 图层挖空投影（layer knocks out drop shadow）

在默认情况下，这一项是被选择的，得到的投影图像实际上是不完整的，它相当于在投影图像中剪去了投影对象的形状，看到的只是对象周围的影。如果选择了这一项，投影将包含对象的形状，这一项只有在降低图层的填充不透明度时才有意义，否则对象会遮住在它下面的投影，在将图像效果转换为图层时，Photoshop 会提醒某些效果无法与图层一起复制，也就是说图层挖空投影不能起作用，创建出来的图层将为完整的阴影形状。

将当前图层中的"填充"不透明度调为 0，可以在选中（图 6-122）和不选中（图 6-123）"图层挖空"选项的情况下，对比效果，可以理解其中含义。

图 6-122 选中"图层挖空"选项

图 6-123 不选中"图层挖空"选项

七、内阴影

添加了"内阴影"的层上方好像多出了一个透明的层（黑色），混合模式是正片叠底（multiply），不透明度 75%，如图 6-124 所示。

图 6-124 内阴影样式

内阴影的很多选项和投影是一样的，投影效果可以理解为一个光源照射平面对象的效果，而"内阴影"则可以理解为光源照射球体的效果。

1. 混合模式（blend mode）

默认设置是正片叠底（multiply），通常不需要修改。

2. 颜色设置

设置阴影的颜色如图 6-125 所示。

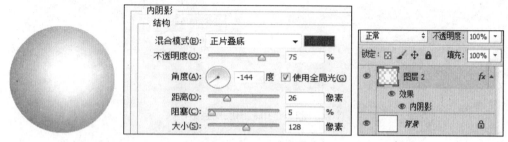

图 6-125　设置内阴影的颜色

3. 不透明度（opacity）

默认值为 75%，可根据自己的需要修改。

4. 角度（angle）

调整内侧阴影的方向，也就是和光源相反的方向，圆圈中的指针指向阴影的方向，原理和"投影"是一样的，如图 6-126 所示。

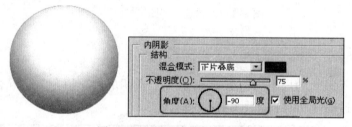

图 6-126　设置内阴影的角度

5. 距离（distance）

用来设置阴影在对象内部的偏移距离，这个值越大，光源的偏离程度越大，偏移方向由角度决定（如果偏移程度太大，效果就会失真）。在如图 6-127 所示的效果中，左图的"距离"值设置的较小，光源因此好像就在球体的正上方，而右图的"距离"值设置较大，光源则好像偏移到右下角。

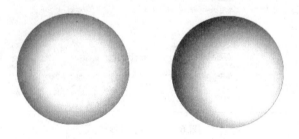

图 6-127　设置内阴影的距离

6. 阻塞（choke）

设置阴影边缘的渐变程度，单位是百分比，和"投影"效果类似，这个值的设置也是和"大小"相关的，如果"大小"设置得较大，阻塞的效果就会比较明显，如图 6-128 所示。

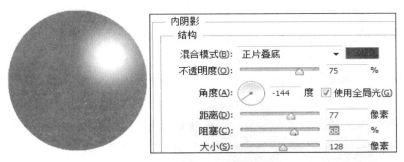

图 6-128 设置内阴影阻塞

7. 大小（size）

用来设置阴影的延伸范围，这个值越大，光源的散射程度越大，相应的阴影范围也会越大。

8. 等高线（contour）

用来设置阴影内部的光环效果，如编辑如图 6-129 所示等高线和相应的效果。

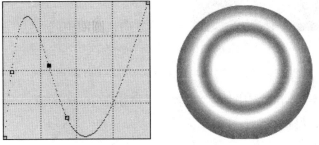

图 6-129 设置内阴影的等高线及效果

八、外发光

添加了"外发光"效果的层好像下面多出了一个层，这个假想层的填充范围比上面的略大，缺省混合模式为"滤色"（screen），默认透明度为 75%，从而产生层的外侧边缘"发光"的效果，如图 6-130 所示。

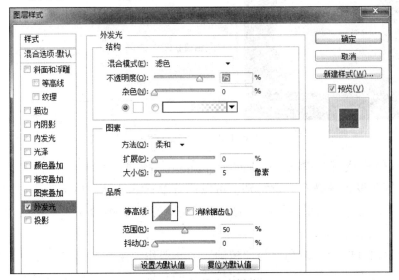

图 6-130 外发光样式

特别地，由于默认混合模式是"滤色"，因此如果背景层被设置为白色，那么不论如何调整外侧发光的设置，效果都无法显示出来。要想在白色背景上看到外侧发光效果，必须将混合模式设置为"滤色"以外的其他值。

1. 混合模式（blend mode）

默认的混合模式是"滤色"，上面说过，外侧发光层如同在层的下面多出了一个层，因此这里设置的混合模式将影响这个虚拟的层和再下面的层之间的混合关系，如图6-131所示。

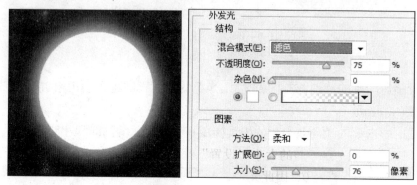

图6-131　外发光—混合模式

2. 不透明度（opacity）

光芒一般不会是不透明的，因此这个选项要设置小于100%的值。光线越强（越刺眼），应当将其不透明度设置得越大。

3. 杂色（noise）

杂色用来为光芒部分添加随机的透明点。杂色的效果和将混合模式设置为"溶解"产生的效果有些类似，但是"溶解"不能微调，因此要制作细致的效果还是要使用"杂色"，如图6-132所示。

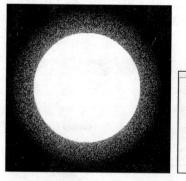
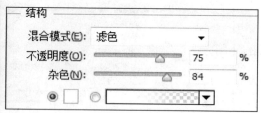

图6-132　外发光—杂色

4. 外光的颜色设置：渐变和颜色（gradient or color）

外发光的颜色设置稍微有一点特别，可以通过单选框选择"单色"或者"渐变色"。即便选择"单色"，光芒的效果也是渐变的，不过是渐变至透明而已。

5. 方法（technique）

方法的设置值有两个"柔和"与"精确"，一般用"柔和"就足够了，"精确"可以用于一些发光较强或者棱角分明反光效果比较明显的对象。下面是两种效果的对比图，前一种使用"柔和"，后一种使用"精确"，如图 6-133 所示。

图 6-133　外发光—方法

6. 扩展（spread）

"扩展"用于设置光芒中有颜色的区域和完全透明的区域之间的渐变速度。它的设置效果和颜色中的渐变设置以及下面的大小"设置"都有直接的关系，三个选项是相辅相成的。例如图 6-134，左图的扩展为 0，因此光芒的渐变是和颜色设置中的渐变同步的，而右图的扩展设置为 40%，光芒的渐变速度要比颜色设置中的快。

图 6-134　外发光—扩展

7. 大小（size）

用于设置光芒的延伸范围，不过其最终的效果和颜色渐变的设置是相关的。

8. 等高线（contour）

等高线的使用方法和前面介绍的一样，不过效果还是有一些区别的，如图 6-135 所示。

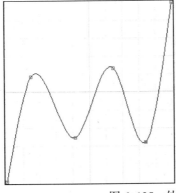

图 6-135　外发光—等高线

9. 范围（range）

"范围"选项用来设置等高线对光芒的作用范围。调整"范围"和重新设置一个新等高线的作用是一样的，不过当需要特别陡峭或者特别平缓的等高线时，使用"范围"对等高线进行调整可以更加精确。

10. 抖动（ditter）

"抖动"用来为光芒添加随意的颜色点，为了使"抖动"的效果能够显示出来，光芒至少应该有两种颜色。例如，将颜色设置为蓝色、黄色、蓝色渐变，然后加大"抖动"值，这时就可以看到如图 6-136 所示效果。

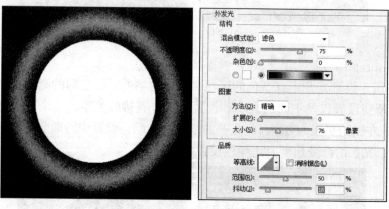

图 6-136　外发光—范围

九、内发光

添加了"内发光"样式的层上方会多出一个"虚拟"的层，这个层由半透明的颜色填充，沿着下面层的边缘分布，如图 6-137 所示。

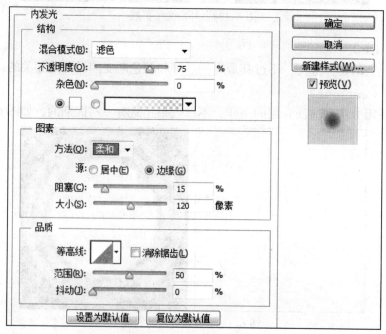

图 6-137　内发光样式

内发光效果在现实中并不多见，可以将其想象为一个内侧边缘安装有照明设备的隧道的截面，也可以理解为一个玻璃棒的横断面，这个玻璃棒外围有一圈光源。

1. 混合模式

发光或者其他高光效果一般都用混合模式"滤色"来表现，内发光样式也不例外。

2. 不透明度

不透明度是指"虚拟层"的不透明度，默认值是75%。这个值设置得越大，光线显得越强，反之光线显得越弱。

3. 杂色

杂色用来为光线部分添加随机的透明点，设置值越大，透明点越多，可以用来制作雾气缭绕或者毛玻璃的效果，如图6-138所示。

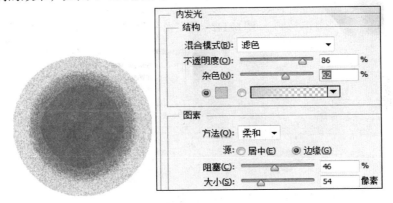

图6-138 内发光—杂色

4. 颜色

颜色设置部分的默认值是从一种颜色渐变到透明，单击左侧的颜色框可以选择其他颜色，如图6-139所示。也可以单击右边的渐变色框选择其他的渐变色，如图6-140所示。

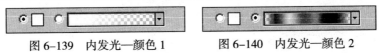

图6-139 内发光—颜色1　　　　图6-140 内发光—颜色2

5. 方法

方法的选择值有两个，即"精确"和"柔和"。"精确"可以使光线的穿透力更强一些，"柔和"表现出的光线的穿透力则要弱一些，如图6-141所示。

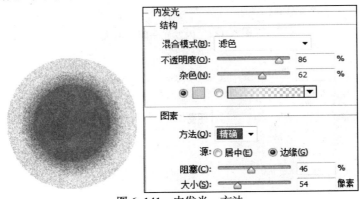

图6-141 内发光—方法

6. 源

"源"的可选值包括"居中"和"边缘"。如果选择"边缘"，光源则在对象的内侧表面，这也是内侧发光效果的默认值（图 6-142）。如果选择"居中"，光源则到了对象的中心（图 6-143）。

图 6-142　内发光—边缘

图 6-143　内发光—居中

7. 阻塞

"阻塞"的设置值和"大小"的设置值相互作用，用来影响"大小"的范围内光线的渐变速度，例如在"大小"设置值相同的情况下，调整"阻塞"的值可以形成不同的效果，如图 6-144、图 6-145 所示。

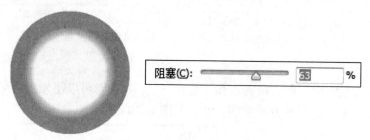

图 6-144　内发光—阻塞值大

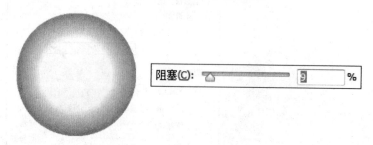

图 6-145　内发光—阻塞值小

8. 大小

"大小"设置光线的照射范围，它需要"阻塞"配合。如果阻塞值设置的非常小，即使将"大小"设置的很大，光线的效果也出不来，反之亦然。

9. 等高线

等高线选项可以为光线部分制作出光环效果，如图6-146所示。

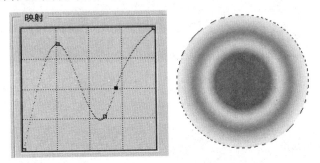

图6-146　内发光—等高线设置及效果

10. 抖动

抖动可以在光线部分产生随机的色点，制作出"抖动"效果的前提是在颜色设置中必须选择一个具有多种颜色的渐变色。如果使用默认的由某种颜色到透明的渐变，不论怎样设置"抖动"都不能产生预期的效果，如图6-147所示。

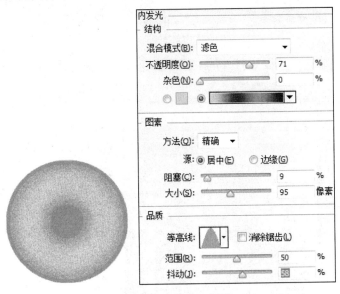

图6-147　内发光—抖动

任务实现 ///

过程提示：先用选区工具做出想要的形状，调色后用一些图层样式做出纹理和质感效果，然后再加上高光和文字。

（1）打开如图6-148所示的背景素材。

图 6-148　背景素材

（2）选择"椭圆"工具 ，按住 Shift 键，绘制出一个正圆（图 6-149）。

图 6-149　绘制正圆

（3）双击图层缩览图，设置打开的"拾取实色"对话框（图 6-150）。

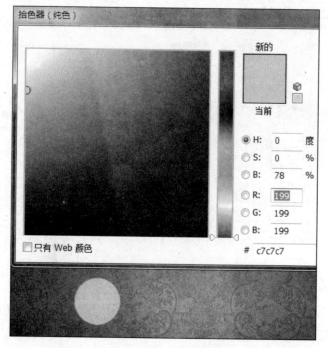

图 6-150　选择颜色

（4）执行"编辑"—"变换"—"变形"命令，对形状进行变形，调整完毕后，按下回车键完成变形操作（图6-151）。

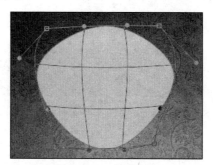

图6-151 变形命令

（5）为"椭圆1"添加"内阴影"图层样式效果（图6-152）。

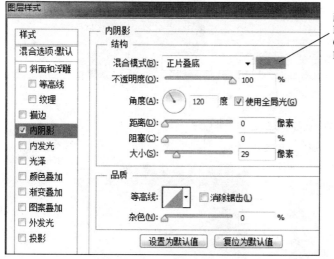

颜色设置：
R：131
G：159
B：83

图6-152 添加内阴影样式

（6）设置"图案叠加"图层样式（图6-153）。

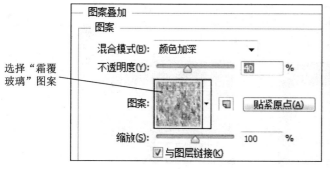

图6-153 添加图案叠加样式

（7）新建"图层1"，选择"矩形选框工具"绘制选区。设置渐变色，渐变色的设置为RGB（243，227，165）到RGB（159，78，32）的渐变并填充选区（图6-154）。

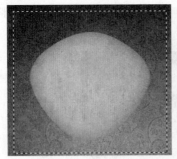

图 6-154　矩形添加渐变

（8）新建"图层 2"，设置渐变色并填充选区，设置"图层 2"的混合模式为"柔光"（图 6-155）。

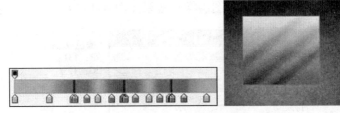

图 6-155　图层 2 设置

（9）设置"图层 1"的混合模式为"强光"（图 6-156）。

（10）选择"图层 1"图层，执行"图层"—"创建剪贴蒙版"命令（图 6-157）。

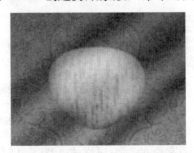

图 6-156　设置图层 1 为强光　　　图 6-157　图层 1 创建剪切蒙版

（11）为"图层 2"创建剪贴蒙版（图 6-158）。

（12）选择"椭圆"工具进行绘制（图 6-159）。

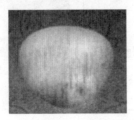

图 6-158　图层 2 创建剪切蒙版　　　图 6-159　绘制椭圆

（13）切换到"路径"调板将路径作为选区载入（图 6-160）。

（14）切换回"图层"调板，新建图层并填充渐变色（图 6-161）。

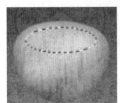

图 6-160　路径转换为选区

2. 设置渐变条
3. 填充渐变色
1. 新建图层

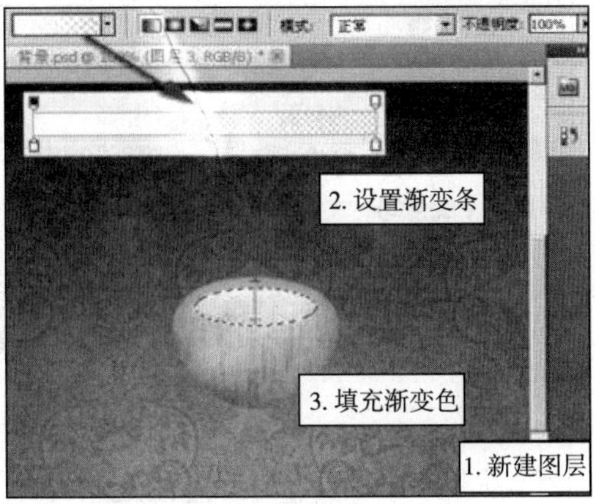

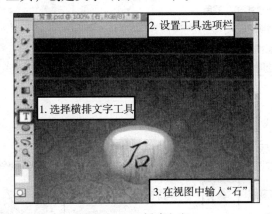

图 6-161　新建图层并设置渐变

（15）使用横排文字工具，创建文字（图 6-162）。

2. 设置工具选项栏
1. 选择横排文字工具
石
3. 在视图中输入“石”

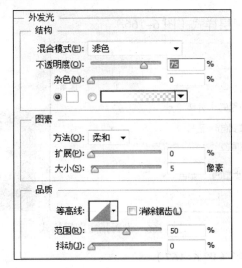

图 6-162　创建文字

（16）为文字添加“外发光”图层样式效果（图 6-163）。

外发光
结构
混合模式(E): 滤色
不透明度(O): 75 %
杂色(N): 0 %
图素
方法(Q): 柔和
扩展(P): 0 %
大小(S): 5 像素
品质
等高线: 消除锯齿(L)
范围(R): 50 %
抖动(J): 0 %

图 6-163　添加“外发光”

（17）设置“斜面和浮雕”图层样式（图 6-164）。

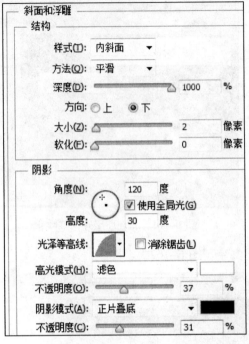

图 6-164　设置"斜面与浮雕"图层样式

（18）设置"等高线"（图 6-165）。

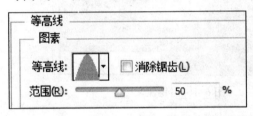

图 6-165　设置"等高线"

（19）设置"描边"图层样式（图 6-166）。

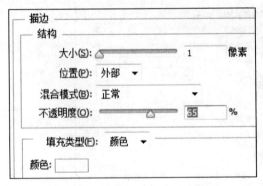

图 6-166　设置描边图层样式

（20）为图像添加阴影（图 6-167）。

（21）参照以上方法制作出其他图像，完成最终效果（图 6-168）。

图 6-167 添加阴影

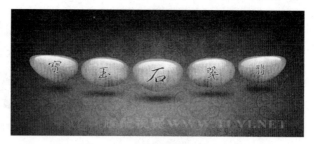

图 6-168 最终效果

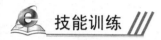

用图层样式制作逼真的气泡字体，如图 6-169 所示。

图 6-169 气泡字体

提示：适合本练习的字体有 Bubble Club Font、Bell Bottom Laser Font、Bambina Font 等。

本练习要用到的图层样式有投影、内阴影、斜面与浮雕、光泽、渐变叠加。

建议在最后可以添加一些更小的气泡，用 1～3px 的白色笔刷，如果使用一个水下的场景，还可以画一些上升的尾随水泡，增加画面的趣味感。

项目七　应用滤镜进行特效制作

知识目标

了解滤镜的概念、滤镜组的分类。

能力目标

能使用滤镜对图像进行特效处理。

≡≡≡ 任务一　修复广角镜头拍摄的镜头畸变 ≡≡≡

任务描述

将彩图 58 所示广角镜头拍摄的镜头畸变照片修复成如彩图 59 所示的效果。

理论知识

一、认识滤镜菜单

滤镜来源于摄影中的滤光镜，应用滤光镜的功能可以改进图像并产生特殊效果。通过滤镜的处理改变图像像素的位置或颜色，为图像加入纹理、变形、艺术风格和光照等多种特效，从而产生各种特殊的图像效果，让平淡无奇的照片瞬间光彩照人。Photoshop CS6 提供了多达百种的滤镜，这些滤镜经过分组归类后放在"滤镜"菜单中，如图 7-1 所示。同时 Photoshop CS6 还支持第三方开发商提供的增效工具，安装后这些增效工具滤镜出现在"滤镜"菜单的底部，使用方法与内置滤镜相同。对于 RGB 颜色模式的图像，可以使用任何滤镜功能。按快捷键 Ctrl+F，可以重复执行上次使用的滤镜。虽然滤镜使用起来非常简单，但是真正用得好并不容易。通常滤镜需要和图层、通道等联合使用，才能取得最佳艺术效果。用好滤镜，除了要有美术功底以外，还需要对滤镜相当熟悉，并需要具有很丰富的想象力。这样，才能有的放矢地应用滤镜，最大限度地发挥滤镜的功能。

滤镜(T)	视图(V)	窗口(W)	帮助(H)
上次滤镜操作(F)			Ctrl+F
转换为智能滤镜			
滤镜库(G)...			
自适应广角(A)...			Shift+Ctrl+A
镜头校正(R)...			Shift+Ctrl+R
液化(L)...			Shift+Ctrl+X
油画(O)...			
消失点(V)...			Alt+Ctrl+V
风格化			▶
模糊			▶
扭曲			▶
锐化			▶
视频			▶
像素化			▶
渲染			▶
杂色			▶
其它			▶
Digimarc			▶
浏览联机滤镜...			

图 7-1　滤镜菜单

二、滤镜的基本操作

1. 使用滤镜的一些技巧

滤镜功能强大，使用起来千变万化，运用得体可以产生各种各样的特效。下面是使用滤镜的一些技巧：

（1）可以对单独的某一图层图像使用滤镜，然后通过色彩混合而合成图像。

（2）可以对单一的色彩通道或 Alpha 通道执行滤镜，然后合成图像，或将 Alpha 通道中的滤镜效果应用到主画面中。

（3）可以选择某一选取范围执行滤镜效果，并对选取范围边缘施以羽化，以便选取范围中的图像和原图像融合在一起。

（4）可以将多个滤镜组合使用，从而制作出漂亮的文字、图像或底纹。

2. 上次滤镜操作

当执行完一个滤镜操作后，在"滤镜"菜单的第一行会出现刚才使用过的滤镜，单击该命令可以以相同的参数再次执行该滤镜操作。

3. 转换为智能滤镜

普通的滤镜功能一旦执行，原图层就被更改为滤镜效果了，如果效果不理想想恢复，只能从历史记录里退回到执行前。而智能滤镜，就像给图层加样式一样，在 Photoshop CS6 "图层面板"中，可以把这个滤镜删除，或者重新修改这个滤镜的参数，可以关掉滤镜效果的小眼睛而显示原图，所以很方便再次修改。在 Photoshop CS6 菜单栏中选择"滤镜"— "转换为智能滤镜"命令，在弹出的对话框中单击"确定"按钮，转换为智能对象的图层效果对比如图 7-2 所示。

图 7-2 "转换为智能滤镜"前后的图层对比

4. 自适应广角

对于摄影师以及喜欢拍照的摄影爱好者来说，拍摄风光或者建筑必然要使用诸如 EF 16-35mm F2.8L II 或类似焦距的广角镜头进行拍摄。广角镜头拍摄照片时，都会有镜头畸变的情况，让照片边缘位置出现弯曲变形，即使昂贵的镜头也是如此。在 Photoshop CS6 的滤镜菜单中，添加了一个全新的"自适应广角"命令。该命令可以在使用 Photoshop CS6 处理广角镜头拍摄的照片时，对镜头所产生的变形进行处理，得到一张完全没有变形的照片。

5. 镜头校正

"镜头校正"滤镜根据各种相机与镜头的测量自动校正，可以轻易消除桶状和枕状变形、相片周边暗角，以及造成边缘出现彩色光晕的色相差。选择"滤镜"— "镜头校正"命令，或按快捷键 Shift+Ctrl+R，打开"镜头校正"对话框，如图 7-3 所示。该对话框中"自动校正"

选项卡的"搜索条件"选项区域中，可以选择设置相机的品牌、型号和镜头型号，如图 7-4 所示。图 7-5 为使用镜头校正滤镜前后的对比效果。

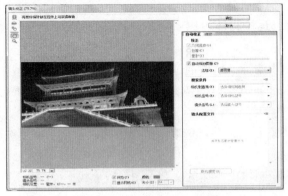

图 7-3　"镜头校正"对话框　　　　　　　图 7-4　"搜索条件"选项

图 7-5　使用镜头校正滤镜前后的对比效果

任务实现 ///

（1）打开素材图片。

（2）选择"滤镜"—"转换为智能滤镜"命令，将图层转换为智能对象。

（3）按快捷键 Shift+Ctrl+A，打开"自适应广角"对话框（或在菜单栏中选择"滤镜"—"自适应广角"命令），如图 7-6 所示。

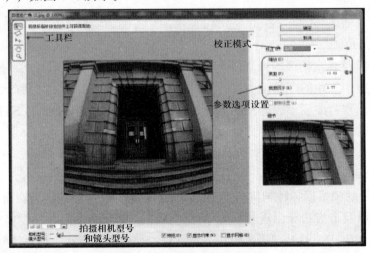

图 7-6　"自适应广角"对话框

（4）在左侧工具栏选择"约束工具"，在图像预览中有变形的起始位置单击鼠标，然后移动鼠标指针到变形终点位置后并单击鼠标，将会出现一道线，这道线会自动沿着变形曲面计算广角变形，从而修改变形为一条直线，如图7-7所示。

（5）通过同样的方法对变形位置进行校正，如图7-8所示。

（6）调整变形完毕后，单击"确定"按钮，完成修复操作。

图7-7　"约束工具"　　　　　　　　　图7-8　对变形位置进行校正

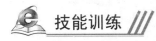 技能训练 ///

将图7-9所示畸变严重的照片修复成如图7-10所示的效果。

图7-9　畸变严重的照片　　　　　　　图7-10　纠正畸变后的照片

任务二　制作油画效果

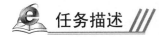 任务描述 ///

将彩图60所示的素材图制作成如彩图61所示的油画效果。

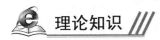 理论知识 ///

一、滤镜库

Photoshop CS6"滤镜库"是整合了多个常用滤镜组的设置对话框。利用"滤镜库"可以累积应用多个滤镜或多次应用单个滤镜，还可以重新排列滤镜或更改已应用的滤镜设置。

在 Photoshop CS6 菜单栏选择"滤镜"—"滤镜库"命令，打开"滤镜库"对话框。在滤镜库对话框中提供了风格化、扭曲、画笔描边、素描、纹理和艺术效果 6 组滤镜，如图 7-11 所示。单击"艺术效果"滤镜类别，打开该滤镜类列表；单击"粗糙蜡笔"滤镜图标，对话框右侧出现当前选择滤镜参数选项；设置参数对话框，对话框左侧将出现应用滤镜后的 Photoshop CS6 图像预览效果。

图 7-11　"滤镜库"对话框

（1）预览区。用来预览滤镜效果。

（2）参数选项。单击滤镜库中的一个滤镜，在右侧的参数选项设置区会显示该滤镜的参数选项。

（3）滤镜列表。单击下拉按钮，可以在弹出的下拉列表中选择一个滤镜。

（4）新建效果图层按钮。单击该按钮即可在滤镜效果列表中添加一个滤镜效果图层。

选择需要添加的滤镜效果并设置参数，就可以增加一个滤镜效果。

二、油画滤镜

使用 Photoshop CS6 "油画"滤镜，可以轻松打造油画效果。

三、消失点滤镜

使用"消失点"滤镜可以根据透视原理，在 Photoshop CS6 图像中生成带有透视效果的图像，轻易创建出效果逼真的建筑物的"墙面"。另外，该滤镜还可以根据透视原理对图像进行校正，使 Photoshop CS6 图像内容产生正确的透视变形效果。

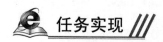 任务实现 ///

（1）打开素材图片"油画效果原图"。

（2）将"背景"图层拖曳至图层面板上的 按钮上3次，得到"背景副本"、"背景副本2"、"背景副本3"图层，调整图层顺序如图7-12所示。

（3）将"背景副本2"图层和"背景副本3"图层隐藏。选择"背景副本"图层，执行"滤镜"—"模糊"—"方框模糊"命令，弹出"方框模糊"对话框，将"模糊半径"设置为10px，得到的图像效果如图7-13所示。

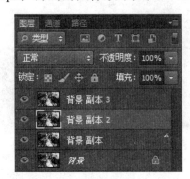

图7-12　图层面板

图7-13　"方框模糊"处理后效果

（4）选择并显示"背景副本2"图层，执行"滤镜"—"滤镜库"命令，在弹出的对话框中选择"画笔描边"—"喷溅"，设置参数如图7-14所示，得到的图像效果如图7-15所示。

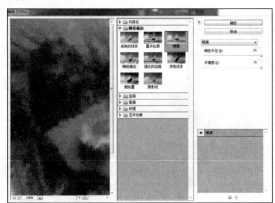

图7-14　"喷溅"对话框

图7-15　"喷溅"处理后效果

（5）将"背景副本2"图层的图层混合模式设置为"叠加"，效果如图7-16所示。

图7-16　修改图层混合模式后效果

（6）选择并显示"背景副本 3"图层，执行"滤镜"—"滤镜库"命令，在弹出的对话框中选择"艺术效果"—"粗糙蜡笔"，设置参数如图 7-17 所示，得到的图像效果如图 7-18 所示。

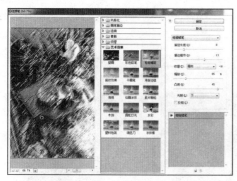

图 7-17　"粗糙蜡笔"对话框　　　　　图 7-18　"粗糙蜡笔"处理后效果

（7）将"背景副本 3"图层的不透明度设置为 70%。将前景色设置为黑色，选择工具箱中的画笔工具，在工具选项栏中设置柔角的笔刷，将不透明度和流量均设置为 50%，在图像中需要减少油画纹理效果的部分涂抹，完成油画效果制作。

技能训练 ///

1. 将图 7-19 所示的素材图制作成如图 7-20 所示的仿真工笔画效果。

图 7-19　花卉素材图　　　　　　图 7-20　仿真工笔画效果

2. 将图 7-21 所示的素材图制作成如图 7-22 所示的素描效果。

图 7-21　人物素材图　　　　　　图 7-22　素描效果

任务三　使用液化滤镜给美女美容瘦身

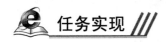 **任务描述** ///

使用液化滤镜将彩图 62 所示的素材图进行如彩图 63 所示的美容瘦身。

理论知识 ///

"液化"滤镜可以将 Photoshop CS6 图像内容像液体一样产生扭曲变形，在"液化"滤镜对话框中使用相应的工具，可以推、拉、旋转、反射、折叠和膨胀图像的任意区域，从而使 Photoshop CS6 图像画面产生特殊的艺术效果。需要注意的是，"液化"滤镜在"索引颜色"、"位图"和"多通道"模式中不可用。

选择"滤镜"—"液化"命令，或按快捷键 Shift+Ctrl+X，打开"液化"滤镜对话框，如图 7-23 所示。

图 7-23　"液化"滤镜对话框

：向前变形工具，在图像中拖动鼠标时可向前推动像素。

：重建工具，用来恢复图像。

：褶皱工具，在图像中单击鼠标或拖动时可以使像素向画笔区域中心移动，使图像产生向内收缩的效果。

：膨胀工具，在图像中单击鼠标或拖动时可以使像素向画笔区域中心以外的方向移动，使图像产生向外膨胀的效果。

：左推工具，在图像上向上推动时，像素向左移动；向下推动，则像素向右移动。按住 Alt 键在图像上垂直向上推动时，像素向右移动。按住 Alt 键向下推动时，像素向左移动。如果围绕对象顺时针推动，可增加其大小，逆时针拖移时则减小其大小。

任务实现 ///

（1）打开素材图片。

（2）按快捷键 Shift+Ctrl+X，或在菜单栏选择"滤镜"—"液化"命令，打开"液化"滤镜对话框。

（3）选择 向前变形工具，设置好右侧的"工具选项"参数，在美女腰、肩部按住鼠标左键向里推动，使美女腰、肩变细，效果如图 7-24 所示。

图 7-24 "向前变形工具"前后效果对比

（4）如感觉变形效果不太满意，可选择 重建工具，在不太满意的变形区域单击或按住鼠标左键拖动鼠标进行涂抹，可以使变形区域的图像恢复为原来的效果。

（5）选择 褶皱工具，设置好右侧的"工具选项"参数，在图像中腿部单击鼠标，使美女腿部变瘦，得到效果如图 7-25 所示。

图 7-25 "褶皱工具"前后效果对比

（6）类似方法完成图像其他部分的美容瘦身。

技能训练

利用液化滤镜将图 7-26 所示的素材图美化改变脸型制作成如图 7-27 所示的效果。

图 7-26 改变脸型素材　　　　图 7-27 美化改变脸型后效果

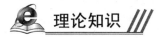

任务四 制作彩色旋风特效

任务描述

将彩图 64 所示的素材图制作成如彩图 65 所示的彩色旋风特效。

理论知识

一、风格化滤镜组

"风格化"滤镜组中滤镜命令可以通过置换像素和查找增加图像的对比度，使图像生成手绘图像或印象派绘画的效果。该滤镜组包括如图 7-28 所示 8 个滤镜。

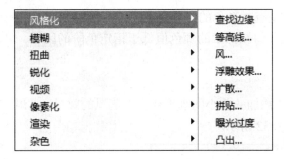

图 7-28 "风格化"滤镜组

1. 查找边缘

查找边缘滤镜将搜寻主要颜色变化的区域，并强化其过渡像素，使图像看起来如同铅笔勾画过的轮廓一样。该滤镜不需要设置参数。选择"滤镜"—"风格化"—"查找边缘"命令，即可得到应用查找边缘滤镜效果。图 7-29 为应用"查找边缘"滤镜前后的效果对比。

图 7-29 应用"查找边缘"滤镜前后的效果对比

2. 等高线

等高线滤镜可以查找主要亮度区域的轮廓，并在白色背景上对每个颜色通道淡淡地勾勒其主要亮度区域。"等高线"对话框如图 7-30 所示。

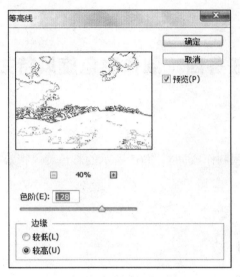

图 7-30 "等高线"对话框

该滤镜包含如下参数：

（1）色阶。用于控制查找颜色的主要亮度区域的阈值。

（2）边缘。"较低"勾勒像素的颜色值低于指定色阶的区域，"较高"勾勒像素的颜色值高于指定色阶的区域。

3. 风

风滤镜通过在图像中添加一些小的水平线生成起风的效果。"风"对话框如图 7-31 所示，应用该滤镜的效果如图 7-32 所示。

图 7-31 "风"对话框图　　　　　图 7-32 应用"风"滤镜的效果

4. 浮雕效果

浮雕效果滤镜通过勾画图像或选区的轮廓和降低周围色值来产生浮凸，使图像生成一种类似浮雕的效果。"浮雕效果"对话框如图 7-33 所示。

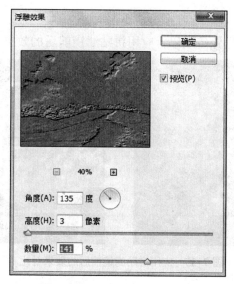

图7-33 "浮雕效果"对话框

该滤镜包含如下参数：

（1）角度。设置浮雕的角度，即浮雕的受光和背光的角度。

（2）高度。控制创建浮雕的高度。

（3）数量。设置创建浮雕的数值，数值越大效果越明显。

5. 扩散

扩散滤镜可以产生透过磨砂玻璃观察图片的分量模糊效果，"扩散"对话框如图7-34所示。

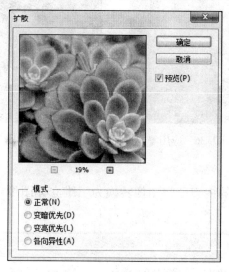

图7-34 "扩散"对话框

该滤镜包含如下参数：

（1）正常。以随机方式移动图像像素，忽略颜色值。

（2）变暗优先。突出显示图像中的暗色像素部分，用较暗的像素替换较亮的像素。

（3）变亮优先。突出显示图像中的亮色像素部分，用较亮的像素替换较暗的像素。

（4）各向异性。在颜色变化最小的方向上搅乱像素。

6. 拼贴

拼贴滤镜可以使图像产生瓷砖效果，应用拼贴滤镜前后的效果对比如图 7-35 所示。

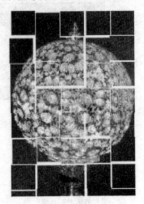

图 7-35　应用拼贴滤镜前后的效果对比

7. 曝光过度

曝光过度滤镜可以将图像正片和负片混合，与在冲洗过程中将照片简单地曝光以加亮相似，相当于在摄影中增加光线强度产生的过度曝光效果。该滤镜不需要设置参数，应用曝光过度前后的效果对比如图 7-36 所示。

图 7-36　应用曝光过度滤镜前后的效果对比

8. 凸出

凸出滤镜可以根据图像的内容，将图像转换为三维立体图像或锥体。"凸出"对话框如图 7-37 所示。

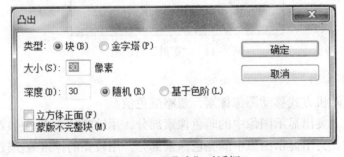

图 7-37　"凸出"对话框

该滤镜包含如下参数：

（1）类型。选择创建的三维效果的类型，可以是块或金字塔。"块"用正方体来填充图像，"金字塔"用三棱锥来填充图像。

（2）大小。控制要创建的三维立体的底边大小。

（3）深度。用于控制三维立体的凸出程度。如果选中"随机"单选钮，则随机化深度控制；如果选中"基于色阶"单选钮，则根据图像的色阶来调整三维立体的凸出程度。

（4）立方体正面。在立方体的表面涂上物体的平均色。

（5）蒙版不完整块。使图像立体化后超出选区的部分保持不变，使滤镜的效果限制在选区之内。

应用凸出滤镜创建"块"凸出和"金字塔"凸出的效果对比如图 7-38 所示。

图 7-38　应用创建"块"凸出和"金字塔"凸出的效果对比

二、模糊滤镜组

模糊滤镜组主要通过削弱相邻间像素的对比度，使像素间的过渡平滑，从而产生边缘柔和、模糊的效果。该滤镜组包括如图 7-39 所示 14 个滤镜。

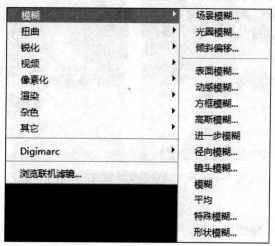

图 7-39　"模糊"滤镜组

1. 动感模糊

动感模糊滤镜可以对像素进行线性位移，使一个静态的图像产生动态效果，如同拍摄处于运动状态物体的照片。应用动感模糊前后的效果对比如图 7-40 所示。在"动感模糊"对话框中可以设置如下参数：

（1）角度。可以控制动感模糊的方向，即产生该方向的位移。

（2）距离。可以设置像素移动的距离。这里的移动并非简单地位移，而是在"距离"限制范围内，按照某种方式复制并叠加像素，再经过对透明度的处理才得到的。取值越大，模糊效果也就越强。

图 7-40　应用动感模糊滤镜前后的效果对比

2. 高斯模糊

高斯模糊滤镜利用高斯曲线的分布模式有选择地模糊图像。高斯模糊利用的是钟形高斯曲线，其特点为中间高、两边低，呈尖峰状。高斯模糊滤镜除了可以用来处理图像模糊效果之外，还可以用来修饰图像。如果图像杂点太多，用户可以使用该滤镜处理图像，使图像看起来更为平顺。在"高斯模糊"对话框中可以通过设置模糊半径来决定图像的模糊程度，其值越小，则模糊效果越弱。使用该滤镜前后的效果对比如图 7-41 所示。

图 7-41　应用高斯模糊滤镜前后的效果对比

3. 进一步模糊

进一步模糊滤镜同模糊滤镜一样，可以使图像产生模糊的效果，但所产生的模糊程度不同，相比而言大概为模糊滤镜的 3 ～ 4 倍。

4. 径向模糊

径向模糊滤镜可以模拟缩放或旋转的相机所产生的模糊，产生一种柔化的模糊。"径向模糊"对话框如图 7-42 所示。应用径向模糊滤镜前后的效果对比如图 7-43 所示。

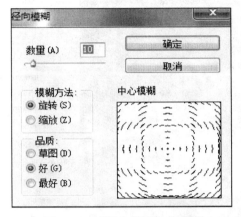

图 7-42　"径向模糊"对话框

图 7-43　应用径向模糊滤镜前后的效果对比

该滤镜包含如下参数：

（1）数量。用于定义径向模糊强度，其取值范围为 1 ～ 100 的整数，取值越大，模糊效果越强。

（2）中心模糊。设置径向模糊开始的位置，即模糊区域的中心位置。设置时，只要将光标移动到预览框中合适位置并单击鼠标即可。

（3）模糊方法。包括"旋转"和"缩放"2 种方式。选中"旋转"时，滤镜处理后产生旋转模糊的效果；选中"缩放"时，产生放射状模糊的效果，该效果类似于照相机在前后移动或改变焦距的过程中拍下的照片。

（4）品质。用于设置"镜像模糊"滤镜处理图像的质量。品质越好，则处理的速度就越慢。

5. 镜头模糊

镜头模糊通过向图像中添加模糊以产生更窄的景深效果，以便使图像中的一些对象在焦点内，而使另一些区域变模糊。可以使用简单的选区来确定哪些区域变模糊，或者可以提供单独的 Alpha 通道深度映射来准确描述希望如何增加模糊。"镜头模糊"对话框如图 7-44 所示。

图 7-44 "镜头模糊"对话框

该滤镜包含如下参数：

（1）预览。设置预览的方式。

（2）深度映射。用于设置调整镜头模糊的远近。通过拖动"模糊焦距"下方的滑块，便可改变模糊镜头的焦距。

（3）光圈。用于调整光圈的形状和模糊范围的大小。

（4）镜面高光。用于调整模糊镜面的亮度强弱。

（5）杂色。用于设置模糊过程中所添加的杂点的多少和分布方式。该选项区域与添加杂色滤镜的相关参数设置相同。

6. 模糊

模糊滤镜可以使图像产生模糊效果来柔化边缘，其原理是利用相邻像素的平均值来代替相似的图像区域。该滤镜没有参数，主要用于柔化选区或整个图像，这在修饰图片时非常有用。

7. 平均

使用平均滤镜可以找出图像或选区的平均颜色，然后用该颜色填充像素或选区以创建平滑的外观。使用该滤镜不需要设置参数。

8. 特殊模糊

特殊模糊滤镜通过找出图像边缘以及模糊边缘以内的区域，从而产生一种清晰边缘的模糊效果。"特殊模糊"对话框如图 7-45 所示。

该滤镜包含如下参数：

（1）半径。设置滤镜搜索不同像素的范围，取值越大，则模糊效果越明显。

（2）阈值。设置像素被擦除前与周围像素的差别，只有当相邻像素间的亮度之差超过阈值的限制时，才能对其进行特殊模糊。

（3）品质。设置模糊效果的品质，有低、中、高 3 个选项。

（4）模式。包含正常、仅限于边缘、叠加边缘3种模糊图像模式。"正常"模式下，模糊效果与其他模糊滤镜基本相同；"仅限于边缘"模式，以黑色显示作为图像背景，以白色勾绘出图像边缘像素亮度变化强烈的区域；"叠加边缘"模式相当于"正常"和"仅限于边缘"模式叠加作用的效果。

图7-45　"特殊模糊"对话框

三、扭曲滤镜组

扭曲滤镜组将图像进行几何扭曲，创建3D或其他整形效果。其中既有平面的扭曲效果，如非正常拉伸，扭曲等，也有三维或是其他变形效果，例如模拟水波和玻璃等效果。该滤镜组包括如图7-46所示9个滤镜。

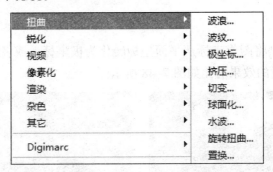

图7-46　"扭曲"滤镜组

1. 波浪

波浪滤镜命令是一个比较复杂的滤镜，它可以根据用户设定的不同波长产生不同的波动效果。"波浪"对话框如图7-47所示。

该滤镜包含如下参数：

（1）生成器数。用于设置产生波浪的波源数量，变化范围为1～999。

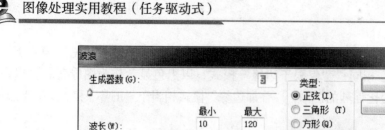

图 7-47　"波浪"对话框

（2）波长。设置相邻两波峰之间的水平距离。其中最短波长不能超过最长波长。

（3）波幅。用于设置波浪的高度。

（4）比例。调整水平和垂直方向的波动幅度的比例。

（5）类型。选项中有正弦、三角形、方形 3 个单选框，用于设置波动的方式。

（6）未定义区域。定义了 2 种边缘空缺处理方式，具体功能与切变滤镜相同。

（7）随机化。用于设定随机波浪效果，可以多次单击重复操作。

2. 波纹

波纹滤镜可以在选区中产生起伏的图案，就像水池表面的波纹。可以在该滤镜的对话框中设置"数量"来控制水纹的大小，通过"大小"选项设置产生波纹的方式，包括大、中、小 3 种。

3. 极坐标

极坐标滤镜的功能是将图像坐标从平面坐标转化为极坐标，或者将极坐标转化为平面坐标。应用极坐标滤镜前后的效果对比如图 7-48 所示。

图 7-48　应用极坐标滤镜前后的效果对比

4. 挤压

挤压滤镜使选定范围或图像产生挤压变形的效果。在"挤压"对话框的"数量"文本框中输入数值来设置产生变形的程度，数值范围是 –100% ～ +100%。为正值时，图像向内变形；为负值时，图像向外变形。应用挤压滤镜前后的效果对比如图 7–49 所示。

图 7–49　应用挤压滤镜前后的效果对比

5. 切变

切变滤镜可以沿一条曲线扭曲图像，"切变"滤镜对话框如图 7–50 所示。

在"切变"对话框中，可以通过调整曲线上的任何一点来指定曲线，形成一条扭曲曲线。如果要删除其中的某个控制点，只需将其拖出区域即可；如果希望恢复原来的状态，单击"默认"按钮即可。在"未定义区域"选项区域中还包含 2 个单选按钮，其含义如下：

（1）折回。以图像中弯曲出去的部分来填充空白区域。

（2）重复边缘像素。以图像中扭曲边缘的像素来填充空白区域。

图 7–50　"切变"对话框

6. 球面化

球面化滤镜通过将选区折成球形、扭曲图像以及伸展图像以适合选中的曲线，使对象具有 3D 效果。在"球面化"对话框中可以设置数量改变球面化的程度，通过选择不同的模式产生不同的效果。应用球面化滤镜前后的效果对比如图 7–51 所示。

图 7–51　应用球面化滤镜前后的效果对比

7. 水波

水波滤镜可以在选区上创建波状起伏的图案，像水池表面的波纹。"水波"对话框如图 7-52 所示。应用水波滤镜前后的效果对比如图 7-53 所示。

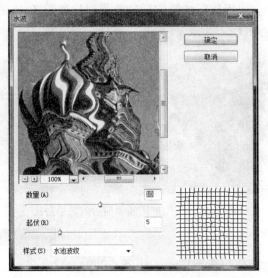

图 7-52 "水波"对话框

图 7-53 应用水波滤镜前后的效果对比

该滤镜包含如下参数：

（1）数量。设置水波的波纹数量。

（2）起伏。设置水波的起伏程度。

（3）样式。设置水波的形态，包括围绕中心、从中心向外、水池波纹 3 种样式。

8. 旋转扭曲

旋转扭曲滤镜命令，可以使图像产生一种漩涡效果，漩涡中心为选择区域的中心，中心的旋转程度比边缘大。在"旋转扭曲"对话框中可以设置扭曲的角度，当角度值为正值时，图形顺时针旋转扭，反之则逆时针旋转。应用旋转扭曲滤镜前后的效果对比如图 7-54 所示。

9. 置换

置换滤镜可用另一幅图像中的颜色、形状和纹理等来确定当前图像中图形的改变形式及扭曲方式，最终将两个图像组合在一起，产生不定方向的位移效果。这个"另一幅图像"就称为置换图，必须是 PSD 文件。

使用的置换图如果是白色（色调值 =00）则为最大的负位移，即将待处理图像中的相应像素向左上方移动。如果是黑色（色调值 =FF）则为最大的正位移，即将待处理图像中的相应像素向右下方移动。如果是灰色（色调值 =7FH）则不产生位移。

图 7-54　应用旋转扭曲滤镜前后的效果

如果置换图有多个通道，则第一个通道控制水平置换，第二个通道控制垂直置换。"置换"对话框如图 7-55 所示。

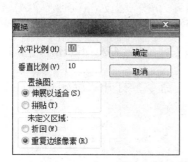

图 7-55　"置换"对话框

该滤镜包含如下参数：

（1）水平比例。设置水平方向的变形比例，值越大，越清晰。

（2）垂直比例。设置垂直方向的变形比例，值越大，越清晰。

（3）置换图。当置换图和所选区域大小不同时，若选中"伸展以适合"单选按钮，将重新调整置换图的尺寸，使它覆盖整个区域；若选中"拼贴"单选钮，则不改变置换图的大小，而是通过重复拼贴的方式来填充整个区域。

应用置换滤镜前后的效果对比如图 7-56 所示。

图 7-56　应用置换滤镜前后的效果对比

任务实现 ///

（1）打开素材图片。

（2）选择"滤镜"—"模糊"—"径向模糊"命令，打开"径向模糊"对话框，如图 7-57 所示设置相关参数。

（3）按 Ctrl+F 键重复上一次的"径向模糊"滤镜操作 4 次，得到如图 7-58 所示效果。

图 7-57 "径向模糊"对话框

图 7-58 重复 4 次"径向模糊"滤镜

（4）选择"滤镜"—"扭曲"—"旋转扭曲"命令，打开"旋转扭曲"对话框，如图 7-59 所示设置"旋转扭曲"参数，完成彩色旋风特效。

技能训练 ///

运用渐变、旋转扭曲滤镜制作如图 7-60 所示的梦幻彩色漩涡效果。

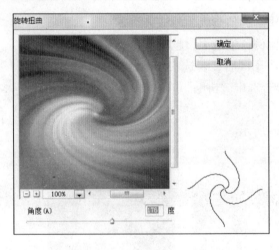

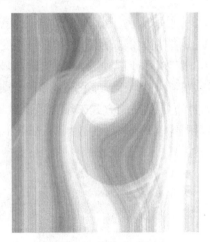

图 7-59 "旋转扭曲"对话框

图 7-60 梦幻彩色漩涡效果

┃≡≡≡ 任务五　制作暴风雪效果 ≡≡≡┃

任务描述 ///

将彩图 66 所示的素材图制作成如彩图 67 所示的暴风雪效果。

理论知识 ///

锐化滤镜组通过增加相邻像素的对比度来聚焦模糊的图像，从而使图像的轮廓分明、效果清晰。该滤镜组包括如图 7-61 所示 5 个滤镜。

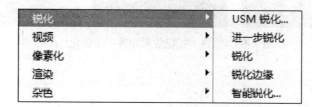

图 7-61　"锐化"滤镜组

1. USM 锐化

USM 锐化滤镜会在图像边缘的每侧生成一条亮线和一条暗线，产生边缘轮廓锐化效果，可用于校正摄影、扫描、重新取样或打印过程中产生的模糊。该滤镜包含如下参数：

（1）数量。用于调节锐化的程度，该值越大，锐化效果越明显。

（2）半径。用于设置图像轮廓周围被锐化的范围，值越大，效果越明显。

（3）阈值。用于设置锐化的相邻像素必须达到的最低差值。只有对比度差值高于此值的像素才会得到锐化处理。

应用 USM 锐化滤镜前后的效果对比如图 7-62 所示。

图 7-62　应用 USM 锐化滤镜前后的效果对比

2. 锐化与进一步锐化

锐化滤镜可以增加图像像素之间的对比度，使图像清晰化，该滤镜没有任何参数，如果希望效果更加明显，可以重复使用该滤镜。

进一步锐化滤镜和锐化滤镜功能相似，只是锐化效果更佳强烈，如图 7-63 所示。

3. 锐化边缘

锐化边缘滤镜查找图像中颜色发生显著变化的区域，然后将其锐化。锐化边缘滤镜只锐化图像的边缘轮廓，使不同颜色的分界线更为明显，从而得到较清晰的效果，又不会影响到图像的细节部分。

图 7-63　原图、锐化效果和进一步锐化效果

任务实现 ///

（1）打开素材图片。

（2）单击图层面板上的 ▣ 按钮，创建"图层 1"。执行"编辑"—"填充"命令，弹出"填充"对话框，选择"50% 灰色"填充。

（3）确定"前景色"为黑色，"背景色"为白色，当前图层为"图层 1"，执行"滤镜"—"滤镜库"命令，弹出的对话框中选择"素描"文件夹中的"绘图笔"滤镜，如图 7-64 所示设置相关参数，此时画面中产生了风刮雪粒的初步效果如图 7-65 所示。

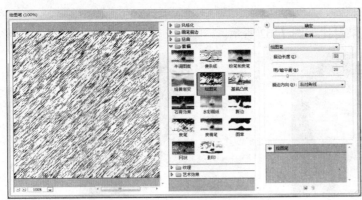 

图 7-64　"绘图笔"滤镜　　　　　　　图 7-65 风刮雪粒的初步效果

（4）执行"选择"—"色彩范围"命令，弹出"色彩范围"对话框，在"选择"下拉列表中选择"高光"选项，如图 7-66 所示。按 Delete 键删除选择的部分，去掉没有雪的部分。

（5）按快捷键 Ctrl+Shift+I 反选选区，选中雪的部分。确定前景色为白色，按 Alt+Delete 键进行前景色填充。

（6）按 Ctrl+D 取消选区，效果如图 7-67 所示。

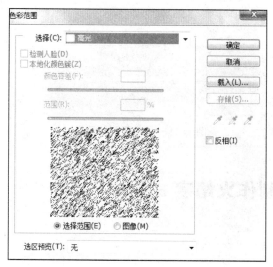

图 7-66　"色彩范围"对话框

图 7-67　白色填充选区

（7）为使雪片不太生硬，执行"滤镜"—"模糊"—"高斯模糊"命令，弹出"高斯模糊"对话框，将"模糊半径"设置为 0.8px，得到的图像效果如图 7-68 所示。

（8）为使图像效果更逼真，执行"滤镜"—"锐化"—"USM 锐化"命令，在弹出的"USM 锐化"对话框中设置参数如图 7-69 所示，完成暴风雪效果制作。

图 7-68　"高斯模糊"后效果

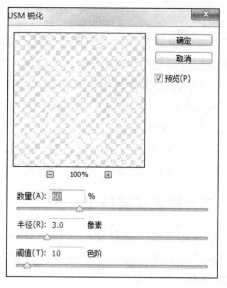

图 7-69　"USM 锐化"对话框

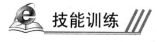

技能训练 ///

将图 7-70 所示的素材图制作成如图 7-71 所示的雪花飘飞的效果。

图 7-70　雪花飘飞素材图

图 7-71　雪花飘飞的效果

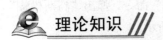

任务六　制作火焰字

任务描述

制作如彩图 68 所示的火焰字效果。

理论知识

一、视频滤镜组

视频滤镜组属于 Photoshop 的外部接口程序，用来从摄像机输入图像或将图像输出到录像带上。该滤镜组包括如图 7-72 所示 2 个滤镜。

图 7-72　视频滤镜组

（1）NTSC 颜色滤镜。可以解决当使用 NTSC 方式向电视机输出图像时色域变窄的问题，可将色域限制为电视可接收的颜色，将某些饱和度过高的颜色转化成近似的颜色，降低饱和度，以匹配 NTSC 视频标准色域。

（2）逐行滤镜。可以去掉视频图像中的奇数或偶数交错行，使图像变得平滑、清晰。此滤镜用于在视频输入图像时，消除混杂信号的干扰。

二、像素化滤镜组

像素化滤镜组通过使单元格中颜色值相近的像素结成块来清晰地定义一个选区。该滤镜组包括如图 7-73 所示 7 个滤镜。

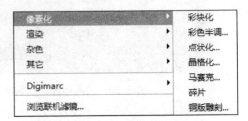

图 7-73　"像素化"滤镜组

1.彩块化

彩块化滤镜通过提取图像中的颜色特征，再将相近的颜色合并，使这些颜色变化平展一些。彩块化滤镜不需要设置任何参数，如果想要加大滤镜效果，可以多次使用。

2. 彩色半调

彩色半调滤镜可以生成一种彩色半调印刷图像的放大效果，即将图像中的所有颜色用黄、品红、青、黑四色网点的相互叠加进行再现的效果。对于每个通道，彩色半调滤镜将图像划分为矩形，并用圆形替换每个矩形。圆形的大小与矩形的亮度成比例。"彩色半调"对话框如图 7-74 所示。

该滤镜包含如下参数：

（1）最大半径。设置半调网点的最大半径，范围是 4 ~ 127 像素。

图 7-74 "彩色半调"对话框

（2）网角（度）。输入 4 个通道的网点与实际水平线的夹角。不同的色彩模式使用的通道数不同。灰度图像只使用通道 1，RGB 图像使用通道 1、2、3，CMYK 图像使用所有通道。

应用彩色半调滤镜前后的效果对比如图 7-75 所示。

图 7-75 应用彩色半调滤镜前后的效果对比

3. 点状化

点状化滤镜将图像中的颜色分解为随机分布的网点，如同点状化绘画一样，并使用背景色作为网点之间的画布区域。在其对话框中可以设置单元格大小，数值越大，颗粒越大。应用点状化滤镜前后的效果对比如图 7-76 所示。

图 7-76 应用点状化滤镜前后的效果对比

4. 晶格化

晶格化滤镜可使像素结块形成多边形结晶体般的块状效果。其对话框中的"单元格大小"用于设置多边形分块的大小，数值越大，产生的结晶体越大，范围为 3 ～ 300 像素。应用晶格化滤镜前后的效果对比如图 7-77 所示。

图 7-77　应用晶格化滤镜前后的效果对比

5. 马赛克

马赛克滤镜可使图像中的像素结成块，这样图像就会以块状的形式表现出来。给定块中的像素颜色相同，块颜色代表选区中的颜色。可以先选取图像中的部分区域，然后使用马赛克滤镜。应用马赛克滤镜前后的效果对比如图 7-78 所示。

图 7-78　应用马赛克滤镜前后的效果对比

6. 碎片

碎片滤镜可以创建图像像素的 4 个副本，将它们平均并相互偏移。使用该滤镜不需要设置任何参数。应用碎片滤镜前后的效果对比如图 7-79 所示。

图 7-79　应用碎片滤镜前后的效果对比

7. 铜版雕刻

铜版雕刻滤镜可以将图像转换为黑白区域的随机图案或彩色图像中完全饱和颜色的随机图案。在该滤镜对话框中可以设置铜版雕刻的网点图案类型，其中包括精细点、中长直线、长边等 10 种效果。应用铜版雕刻滤镜前后的效果对比如图 7-80 所示。

图 7-80　应用铜版雕刻滤镜前后的效果对比

任务实现

（1）在新图像中输入文字。新建一个 500×300、72ppi、背景为黑色的灰度图像，使用文字工具，设置字体为黑体，尺寸为 100px，设置粗体及抗锯齿，将文字置于屏幕下方处。

（2）制作文字蒙版通道。在图层面板中按下 Ctrl 键的同时单击文字图层，得到文字区域；在通道面板中单击"将选择区域保存为蒙版通道"图标，将文字区域复制到 #2 中；合并文字图层与背景图层，取消选择区域。

（3）旋转图像。执行"图像"—"图像旋转"—"90（逆时针）"命令，重置图像。

（4）使用滤镜制作火焰效果。执行"滤镜"—"风格化"—"风"命令，在对话框中（图 7-81）设置参数。重复执行"风"滤镜 2 次。执行菜单"图像"—"图像旋转"—"90（顺时针）"命令，恢复图像原方向，得到的图像效果如图 7-82 所示。

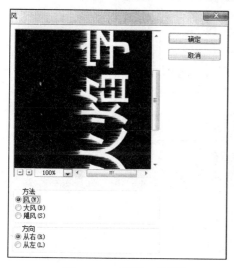

图 7-81　"风"对话框　　　　　　　　图 7-82　火焰效果

（5）执行"滤镜"—"风格化"—"扩散"命令，在对话框中设置模式为"正常"。

（6）执行"滤镜"—"模糊"—"高斯模糊"命令，在对话框中设置半径为 2.5。执行"滤镜"—"扭曲"—"波纹"命令，在对话框中数量为 10，大小为"中"。得到的图像效果如图 7-83 所示。

（7）为文字边缘制作火焰效果。在通道面板中按 Ctrl 键同时单击 #2 通道，将 #2 蒙版通道转换为选择区域；执行"选择"—"修改"—"收缩"命令，在对话框中设置收缩量为 2px。羽化选择区域，设置羽化值为 1px。用黑色填充选择区域，取消选择区域后按 Ctrl+L 键打开"色阶"对话框，设置输入色阶为（0，3.5，190），提高文字亮度。得到的图像效果如图 7-84 所示。

图 7-83 　"扭曲"后效果　　　　　　　　图 7-84 　制作文字边缘为火焰效果

（8）为文字添色。将图像转换为"索引颜色"模式，然后执行"图像"—"模式"—"颜色表"命令，选"颜色表"列表中的"黑体"，如图 7-85 所示。最后可得到逼真的火焰字。

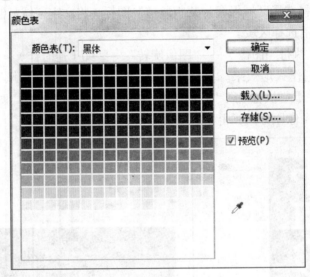

图 7-85 　为文字添色

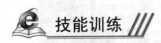

制作如图 7-86 和图 7-87 所示的火焰字效果。

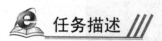

| 图 7-86　白背景下的火焰字效果 | 图 7-87　具有火焰字背景的空心字效果 |

提示：（1）在白背景下使用黑色文字，重复上述步骤（跳过步骤 5），可得到图 7-86 所示的效果。

（2）在步骤 6 以前，按 Ctrl+I 键反转图像可得到具有火焰字背景的空心字效果。

任务七　使用多种滤镜制作水波纹特效

任务描述

使用多种滤镜制作如彩图 69 所示的水波纹特效。

理论知识

一、渲染滤镜组

渲染滤镜组能够在图像中产生光线照明效果，可以产生不同的光源效果，如夜景。此外，还可以创建三维的造型，如球体、圆柱体和立方体等。该滤镜组包括如图 7-88 所示 5 个滤镜。

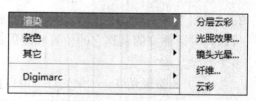

图 7-88　"渲染"滤镜组

1. 分层云彩

分层云彩滤镜首先将图像的前景色和背景色随机生成柔和的云彩图案，然后将生成的云彩和原来的像素用差值模式进行混合。

2. 光照效果

光照效果滤镜是一个强大的灯光效果制作滤镜，通过模拟光源照射在图像上的效果，产生复杂的变化。光照效果包括 17 种光照样式、3 种光照类型和 4 套光照属性，可以在图像上产生无数种光照效果，还可以使用灰度文件的纹理（称为凹凸图）产生类似 3D 效果。选择"滤镜"—"渲染"—"光照效果"命令，打开光照效果属性栏，如图 7-89 所示。

图 7-89　"光照效果"属性栏

该属性栏包含如下参数：

（1）预设。Photoshop CS6 预设了 17 种光照样式，例如：两点钟方向点光、蓝色全光源、圆形光、向下交叉光、交叉光、默认、五处下射光、五处上射光、手电筒、喷涌光、平行光、

RGB 光、柔化直接光、柔化全光源、柔化点光、三处下射光、三处点光；还可以选择载入和存储光源。

（2）在光照效果右侧的属性栏中，可以调节参数值，如图 7-90 所示。

图 7-90　"光照效果"属性栏

（3）Photoshop CS6 提供了 3 种光源："点光"光照效果、"聚光灯"和"无限光"，如图 7-91 所示。在"光照类型"选项下拉列表中选择一种光源后，就可以在对话框左侧调整它的位置和照射范围，或添加多个光源。

图 7-91　光源类型

（4）调整聚光灯。"聚光灯"可以投射一束椭圆形的光柱，如图 7-92 所示，拖动手柄可以增大 Photoshop CS6 光照强度或旋转光照、移动光照等。

（5）调整点光。"点光"可以使光在图像的正上方向各个方向照射，就像一张纸上方的灯泡一样，如图 7-93 所示。拖动中央圆圈可以移动光源；拖动定义效果边缘的手柄，可以增加或减少光照大小，就像是移近或移远光照一样。

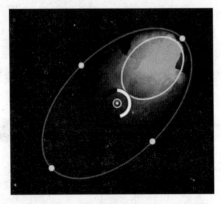

图 7-92　调整聚光灯

图 7-93　调整点光

应用光照效果滤镜前后的效果对比如图 7-94 所示。

图 7-94　应用光照效果滤镜前后的效果对比

3. 镜头光晕

镜头光晕"滤镜可以模拟亮光照射到相机镜头所产生的折射，常用来表现玻璃、金属等反射的反射光，或用来增强日光和灯光效果。选择"滤镜"—"渲染"—"镜头光晕"命令，打开"镜头光晕"对话框如图 7-95 所示。

（1）光晕中心。在"镜头光晕"对话框中的图像缩略图上合适位置单击或拖动十字线，可以指定光晕的中心。

（2）亮度。用来控制光晕的强度，变化值为 10% ～ 300%。

（3）镜头类型。用来选择产生光晕的镜头类型。

4. 纤维

纤维滤镜使用前景色和背景色创建编制纤维的外观。"纤维"对话框如图 7-96 所示，可通过拖动对话框中的"差异"滑块来控制颜色的变换方式（较小的值会产生较长的颜色条纹，而较大的值会产生非常短且颜色分布变化更多的纤维）。"强度"滑块可控制每根纤维的外观。单击"随机化"按钮可生成不同的滤镜效果。

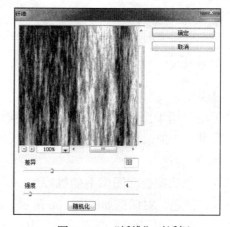

图 7-95　"镜头光晕"对话框　　　　图 7-96　"纤维"对话框

5. 云彩

云彩滤镜的主要作用是用图像的前景色和背景色随机生成柔和的云彩图案，该滤镜没有对话框。

二、杂色滤镜组

杂色滤镜组的主要功能是为图像增加或删除随机分布色阶的像素。在图像中添加杂色，可以模仿高速胶片上捕捉动画的效果。在图像中删除杂色，可以消除由于系统或者设计者的原因造成的将图像修饰过渡产生的杂色，这样可以将周围像素混合进同一个选区，产生统一的效果。该滤镜组包括如图7-97所示5个滤镜。

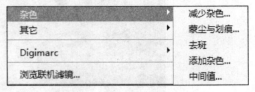

图7-97　"杂色"滤镜组

1. 蒙尘与划痕

蒙尘与划痕滤镜的作用是去除图像中没有规律的杂点或划痕。只要杂点的半径在给定的阈值，便可将杂点或划痕去掉。"蒙尘与划痕"对话框如图7-98所示，其参数含义如下：

（1）半径。用于设置进行搜索的半径。取值越大，模糊程度越高。

（2）阈值。设置去除的像素与其他像素的差别。值越大，去除杂点的效果越弱。

应用蒙尘与划痕滤镜前后的效果对比如图7-99所示。

图7-98　"蒙尘与划痕"对话框

图7-99　应用蒙尘与划痕滤镜前后的效果对比

2. 去斑

去斑滤镜用于探测图像中有明显颜色改变的区域，并模糊除边缘外选区的所有部分。此模糊效果可在去掉杂色的同时保留细节，该滤镜不需要设置参数。

3. 添加杂色

添加杂色滤镜会在图像上随机添加一些杂点，也可用来减少羽化选区或渐变填充中的色带。"添加杂色"对话框如图7-100所示，其参数含义如下：

（1）数量。用于设置杂点数目，取值越大，杂点越多。

（2）分布。有"平均分布"和"高斯分布"2种方式，决定杂点的分布模式。

（3）单色。选中该复选框，则将杂点应用于图像中的像素，而不改变其颜色。

4. 中间值

中间值滤镜通过在相邻像素中搜索，过滤掉与邻近像素相差太大的像素，而用得到的像素的中间亮度来替换中心像素的亮度值，使图像变得模糊。"中间值"对话框中的"半径"可设置进行相邻像素亮度分析的距离，范围是 1 ～ 100px，值越大，图像越模糊。应用中间值滤镜前后的效果对比如图 7-101 所示。

图 7-100 "添加杂色"对话框

图 7-101 应用中间值滤镜前后的效果对比

三、其他滤镜组

其他滤镜主要用来修饰图像的某些细节部分，还可以让用户创建自己的特殊效果滤镜。该滤镜组包括如图 7-102 所示 5 个滤镜。

（1）位移。可以将选区进行水平和垂直移动指定像素距离。

（2）自定。可以根据自己的需要，设计自己的滤镜，实现 Photoshop 中没有的效果。

（3）最大值。具有阻塞的效果，可以扩展白色区域并收缩黑色区域。

图 7-102 "其它"滤镜组

（4）最小值。与最大值滤镜的功能刚好相反，具有伸展的效果，可以收缩白色区域并扩展黑色区域 。

四、Digimarc 滤镜组

Digimarc 滤镜将数字水印嵌入到图像中以存储版权信息，Digimarc 滤镜菜单如图 7-103 所示。

图 7-103 "Digimarc"滤镜组

任务实现 ///

（1）按 Ctrl+N 键打开"新建"对话框，如图 7-104 所示设置参数，单击"确定"按钮。

（2）按 D 键将前景色和背景色设置为默认的黑、白色，选择"滤镜"—"渲染"—"云彩"命令，得到的图像效果如图 7-105 所示。

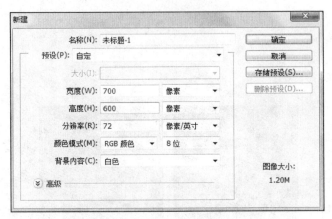

图 7-104   "新建"对话框   图 7-105   "云彩"后图像效果

（3）选择"滤镜"—"模糊"—"径向模糊"命令，打开"径向模糊"对话框，如图 7-106 所示设置参数，得到的图像效果如图 7-107 所示。

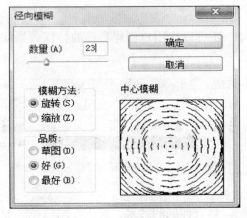

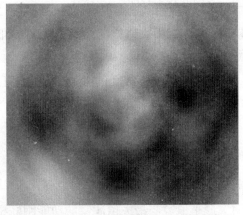

图 7-106   "径向模糊"对话框   图 7-107   "径向模糊"后图像效果

（4）选择"滤镜"—"模糊"—"高斯模糊"命令，打开"高斯模糊"对话框，设置模糊半径为 2px。

（5）选择"滤镜"—"滤镜库"，在打开的对话框中选择"素描"—"基地凸现"，如图 7-108 所示参数，得到的图像效果如图 7-109 所示。

（6）选择"滤镜"—"滤镜库"，在打开的对话框中选择"素描"—"铬黄渐变"，如图 7-110 所示参数设置参数，得到的图像效果如图 7-111 所示。

（7）在"图层面板"中单击底部的"创建新的填充或调整图层"按钮，在弹出的下拉菜单中选择"色相 / 饱和度"选项，勾选着色，如图 7-112 所示参数设置参数，完成水波纹特效的制作。

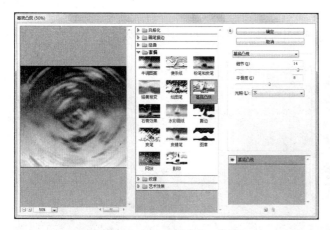

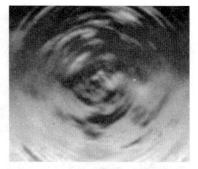

图 7-108　"滤镜库"对话框　　　　　　　　图 7-109　"基地凸现"后图像效果

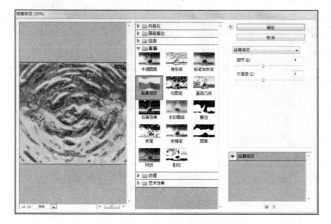

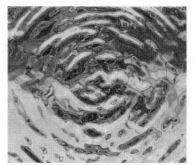

图 7-110　"滤镜库"对话框　　　　　　　　图 7-111　"铬黄渐变"后图像效果

图 7-112　"色相/饱和度"参数设置

技能训练 ///

将图 7-113 所示的 2 个素材图制作成如图 7-114 所示的木版画的效果。

图 7-113　素材图　　　　　　　　　　　图 7-114　木版画

提示：本练习要用到的滤镜有浮雕效果、纹理化。

项目八　通道与蒙版的应用

任务一　使用通道抠图

任务描述

把彩图 70 中的人物图像抠出来，放到背景图中去，效果如彩图 71 所示。

理论知识

一、通道

1.通道的概念

简单来说，通道就是选区。在通道中，以白色表示要处理的部分（选择区域），以黑色表示不需处理的部分（非选择区域）。通道必须与其他工具配合使用，如蒙版工具、选区工具和绘图工具，一些特殊效果还需要滤镜特效、图像调整颜色的配合。

2.通道的数目

图像的颜色模式决定了为图像创建颜色通道的数目。

（1）位图模式仅有 1 个通道，通道中有黑色和白色 2 个色阶。

（2）灰度模式的图像有 1 个通道，该通道表现的是从黑色到白色的 256 个色阶的变化。

（3）RGB 模式的图像有 4 个通道：1 个复合通道 (RGB 通道)，3 个分别代表红色、绿色、蓝色的通道。

（4）CMYK模式的图像有5个通道：一个复合通道(CMYK通道)，4个分别代表青色、品红、黄色和黑色的通道。

（5）LAB模式的图像有4个通道：1个复合通道(LAB通道)，1个明度分量通道，两个色度分量通道。

3. 通道的功能

通道的作用主要有：

（1）表示选择区域。也就是白色代表的部分。利用通道，可以建立头发丝这样的精确选区。

（2）表示墨水强度。不同的通道都可以用256级灰度来表示不同的亮度。在Red通道里的一个纯红色的点，在黑色的通道上显示就是纯黑色，即亮度为0。

（3）表示不透明度。

（4）表示颜色信息。例如，预览Red通道，无论鼠标怎样移动，Info面板上都仅有R值，其余的都为0。

4. 认识通道面板

打开一个JPG文件，调至通道面板，如图8-1所示。从图中可以看到默认有4个通道，分别为RGB、红、绿、蓝。其中，"RGB"是混合通道，储存文件中所有颜色信息；"红"储存图片中红色颜色信息；"绿"储存图片中绿色颜色信息；"蓝"储存图片中蓝色颜色信息。其中用黑、白、灰来表示颜色的比重，黑表示0%，白表示100%。

点击通道面板的右上角 ，可出现通道菜单（图8-2），它几乎包括了通道的所有操作。

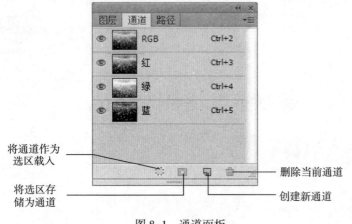

图8-1　通道面板　　　　　　　　　　　　图8-2　通道菜单

（1）将通道作为选区载入

单击此按钮，可将当前通道中的内容转换为选区范围，也可以将某一通道内容直接拖至该按钮上建立选区范围。

还可以按住Ctrl键后点击通道载入选区。

（2）将选区存储为通道

单击此按钮，可以将当前图像中的选区范围转变为蒙版，保存到一个新增的Alpha通道中。该功能同"选择"—"存储选区"命令的效果相同。

Alpha通道最基本的用处在于保存选取范围，它是一个8位的灰度通道，用256级灰度来记录图像中的透明度信息，定义透明、不透明和半透明区域，其中黑表示不透明，白表示透明，灰表示半透明。

（3）新建通道

弹出的对话框如图 8-3 所示。

1）名称。在右侧的文本框中输入通道的名称。如果不输入，Photoshop 会自动按顺序命名为 Alpha 1、Alpha 2 等。

2）被蒙版区域。选择该单选按钮，可以使新建的通道中，被蒙版区域显示为黑色，选择区域显示为白色。

3）所选区域。选择该单选按钮，可以使新建的通道中，被蒙版区域显示为白色，选择区域显示为黑色。

4）颜色。点击下方的颜色块，可以打开"拾色器（通道颜色）"对话框，在该对

图 8-3 "新建通道"对话框

话框中可以选择通道要显示的颜色；也可以点击右侧的"颜色库"按钮，在"颜色库"对话框中设置通道要显示的颜色。

5）不透明度。在该文本框输入一个数值，通过它可以设置蒙版颜色的不透明度。

另外，如果单击"创建新通道" 按钮，则会直接创建 Alpha 通道。

（4）复制通道

在"通道"面板中选择要复制的通道，按下鼠标左键将该通道拖动到面板底部的"创建新通道"按钮上。默认复制通道的名称为"原通道名称＋副本"。双击通道名称，可以在打开的文本框中输入新名称。

 一次可以拖动一个或多个通道进行复制。

也可以用"通道菜单"—"复制通道"，弹出的对话框如图 8-4 所示。

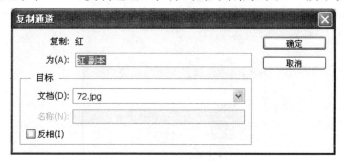

图 8-4 "复制通道"对话框

（5）删除通道

用通道菜单或通道面板下方的"删除当前通道" 。单击此按钮，可以删除当前通道。用户使用鼠标拖动通道到该按钮上也可以完成删除操作。但是，复合通道不能删除。

（6）新建专色通道

对话框如图 8-5 所示。专色通道用于存储印刷用的专色。专色是特殊的预混油墨，如金

属金银色油墨、荧光油墨等，它们用于替代或补充普通的印刷色（CMYK）油墨。

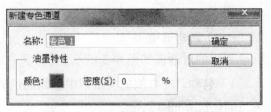

图 8-5　"新建专色通道"对话框

通常情况下，专色通道都是以专色的名称来命名的。

1）名称。系统会自动为专色命名。

2）颜色。设置专色的颜色。

3）密度。在右侧的文本框中输入百分比数值，可以输入 0% ～ 100% 的数值来确定油墨的密度。如果输入 100%，则在图像上提供完全覆盖的专色油墨模拟效果。

（7）通道选项

对话框如图 8-6 所示。与"新建通道"对话框相比，多了一个"专色"项。在下面"颜色"框选择相应的颜色，例如图 8-6 中的红色，那么这个通道本身就成为一个红色通道，和普通的 R 通道不同的是，黑色代表所选颜色不透明度为 100%，白色代表所选颜色不透明度为 0。

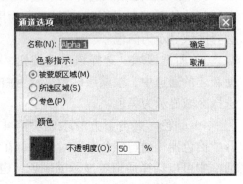

图 8-6　"通道选项"对话框

（8）分离通道

使用"通道"面板菜单中的"分离通道"命令，可以将各个通道以单独文档窗口的形式分离出来，而且这些图像都以灰度形式显示，原文档窗口则被关闭。新文档窗口中的文件名称将以"原文档名称 + 该通道名称的缩写"形式来显示。

当需要在不能保留通道的文件格式中保留单个通道信息时，分离通道非常有用。

　提示　PSD 格式分层图像不能进行分离通道的操作。

（9）面板选项

弹出对话框如图 8-7 所示。通道缩览图可以显示当前通道的内容，在图 8-7 所示的对话框中可以修改缩览图的大小。

图 8-7　"通道面板选项"对话框

任务实现 ///

（1）打开人物图像（彩图 70），切换至路径面板，新建路径 1，选择工具箱中的钢笔工具，在图像中抠出人物的主体，如图 8-8 所示。

（2）单击路径面板上的"将路径作为选区载入"按钮。执行"选择"—"修改"—"羽化"命令，设置半径值为 2px，如图 8-9 所示。

图 8-8　建立人物主体路径

图 8-9　路径转化为选区

（3）切换至图层面板，执行"图层"—"新建…"—"通过拷贝的图层"，或者按快捷键 Ctrl+J，得到图层 1，将图层 1 隐藏，如图 8-10 所示。

（4）切换到通道面板，选择蓝通道，将蓝通道复制，得到"蓝副本"通道（图 8-11），执行"图像"—"调整"—"反相"命令（图 8-12），继续执行"图像"—"调整"—"色阶"命令（0，1，149）（图 8-13）。

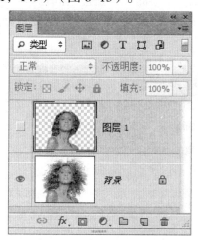

图 8-10　图层面板效果

图 8-11　复制蓝通道

（5）按 Ctrl 键，单击"蓝副本"通道缩略图，调出其选区，回到图层面板（图 8-14），选择背景图层，执行"图层"—"新建…"—"通过拷贝的图层"，或者按快捷键 Ctrl+J，得到图层 2（图 8-15）。

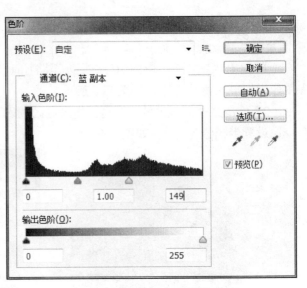

图 8-12 执行"反相"命令后效果   图 8-13 "色阶"对话框

图 8-14 蓝副本选区   图 8-15 新建"图层 2"

（6）执行"文件"—"打开"，打开背景图像，用工具箱中的移动工具将其移动到主文档中，放到图层 2 的下方（图 8-16）。

图 8-16 移动背景层到主文档

（7）选择图层2，执行"图层"—"修边"—"移去白色杂边"，将图层1显示即可。最后效果图如彩图71所示。

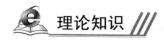 技能训练

把图8-17所示素材中的人物进行抠图，并以图8-18的素材作为背景。

图8-17 人物素材

图8-18 背景素材

任务二 蒙版的应用

任务描述

把彩图72的背景素材与动物素材进行无痕迹拼接，效果如彩图73所示。

理论知识

一、蒙版的概念

蒙版就是选框的外部(选框的内部就是选区)。蒙版会对所选区域进行保护，让其免于操作，而对非掩盖的地方应用操作。例如，书写或喷画相同内容（如数字、图形）的时候，会在一些板子（纸制、木制、金属制）上抠出内容形状，将该板子遮挡住物体上，之后在上面喷色着色。将该板子拿下后图形、数字等即印上了。反观那块板子，抠出的空白区域形状也就是选区了，而未被抠出的区域也就是留在上面的板子，所以与选区相对的，选框外部被称为蒙版。

在图层上的表现形式上，蒙版的黑色为保护区域，不能对其操作，白色即选区，灰色介于两者之间，即部分选取和部分保护。在操作上，如果想遮盖某一部分，可用画笔（前景黑色）进行涂抹，那么被涂的部分上面就有一层蒙版，如果想去掉某部分蒙版，则只需用前景色为白色的画笔进行涂抹。

二、蒙版的作用和种类

1.蒙版的主要作用

（1）抠图。

（2）做图的边缘淡化效果。

（3）图层间的融合。

2. 蒙版的种类

（1）图层蒙版

1）创建图层蒙版

为图层添加蒙版可以点击图层面板下面的 按钮，或者执行"图层"—"图层蒙版"。

当在图层蒙版上用黑色笔进行涂抹时，当前图层被涂抹的位置就会变成透明的，从而显示出下一图层的图像，如图 8-19 所示。用白色绘制，即可重新显示当前图层的图像。

图 8-19　给图层加蒙版

> 提示　执行"图层"—"图层蒙版"—"应用"命令，可以将蒙版应用到图像中，
> 并删除原先被蒙版遮盖的图像。
> 执行"图层"—"图层蒙版"—"删除"命令，可以删除图层蒙版。

2）从选区中生成蒙版

打开两个图像文件。在工具箱中选择"椭圆选框工具"，在工具选项栏中设置羽化为 20px，创建一个选区。执行"图层"—"图层蒙版"—"显示选区"命令，或在"图层"面板底部点击"添加图层蒙版"按钮 ，可以基于选区创建图层蒙版，如图 8-20 所示。

图 8-20　基于选区为图层添加蒙版

> 提示　执行"图层"—"图层蒙版"—"隐藏选区"命令，则选区内的图像将被蒙版遮盖。
> 添加图层蒙版以后，蒙版缩览图外侧有一个黑色的边框，表示蒙版处于编辑状态。

3）从图像中生成蒙版

打开一个人物图像，并为人物图像添加一个空白蒙版，然后按住 Alt 键单击蒙版缩览图，在画面中显示蒙版图像，如图 8-21 所示。把背景图像利用复制、粘贴的方法粘贴入此空白蒙版中，效果如图 8-22 所示。

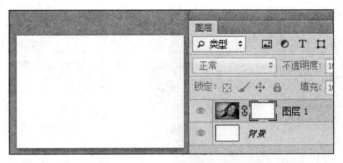

图 8-21　为图层添加并显示蒙版

图 8-22　图层添加图像蒙版效果

还可进一步对蒙版进行反相或进行曲线调整，得到更好的效果。

4）Photoshop CS6 复制与转移蒙版

按住 Alt 键，选择一个图层蒙版，将它拖到另外的图层，可以将蒙版复制到目标图层，如图 8-23 中，把"图层 2"的蒙版复制到了"图层 1"中。若直接将蒙版拖到另外的图层，则可实现蒙版的移动。

5）链接与取消链接蒙版

创建图层蒙版以后，蒙版缩览图和图像缩览图之间有一个链接图标◎。它表示蒙版与图像处于链接状态，此时进行变换操作，蒙版会与图像一同变换。执行"图层"—"图层蒙版"—"取消链接"命令，或者单击该图标，可以取消链接，取消以后可以单独变换图像，也可以单独变换蒙版。

图 8-23　复制图像蒙版

（2）矢量蒙版

矢量蒙版是由钢笔、自定形状等矢量工具创建的蒙版，它与分辨率无关，常用于制作 Logo、按钮或其他 Web 设计元素。无论图像自身的分辨率是多少，只要使用了该蒙版，都可以得到平滑的轮廓。

1）创建矢量蒙版

① 打开一个背景文件和一个图像文件，使用"移动工具"将图像文件拖动到背景文件中，如图 8-24 所示。

图 8-24　将人物图像移动到背景图像中

② 在"图层"面板中选择"图层 1"。

③ 选择"椭圆工具"，在工具选项栏中选择"路径"。

④ 在画面中单击并拖动鼠标绘制椭圆路径，如图 8-25 所示。

⑤ 选择"图层"菜单，将光标移动到"矢量蒙版"上面，在弹出的子菜单中点击"当前路径"命令，或者在工具选项栏中点击"蒙版"按钮 蒙版 ，即可基于当前路径创建一个矢量蒙版，路径区域外的图像会被蒙版遮盖，如图 8-26 所示。

图 8-25　绘制椭圆路径

图 8-26　创建矢量蒙版

2）向矢量蒙版中添加形状

创建并选择矢量蒙版（"图层面板"中单击），在工具箱中选择"自定形状工具"，在工具选项栏中的形状下拉面板中选择"五角星"，在工具选项栏中选择"路径" 路径 ，在工具选项栏的"路径操作"中选择"排除重叠形状"选项。然后在图像中绘制"五角星"，即可将它添加到矢量蒙版中，如图 8-27 所示。

3）编辑矢量蒙版中的图形

选择矢量蒙版，在工具箱中选择"路径选择工具"，按住 Shift 键，然后单击画面中的几个五角星图形，将它们选择，如图 8-28 所示。按下键盘上的 Delete 键，即可将它们删除。也可使用"路径选择工具"单击矢量图形，拖动鼠标即可将其移动，蒙版的遮盖区域也会随

图 8-27　向矢量蒙版中添加形状

之改变。

　　另外，选择矢量蒙版，执行"图层"—"矢量蒙版"—"删除"命令，或者将矢量蒙版拖动到"图层"面板底部的"删除图层"按钮🗑上，即可删除矢量蒙版。

　　4）变换矢量蒙版

　　单击"图层"面板中的矢量蒙版缩览图，选择蒙版。执行"编辑"—"变换路径"命令，即可对矢量蒙版进行各种变换操作。因为矢量蒙版与分辨率无关，因此，在进行变换和变形操作时不会产生锯齿。

图 8-28　向矢量蒙版中添加形状

　　5）将矢量蒙版转换为图层蒙版

　　选择矢量蒙版所在的图层。执行"图层"—"栅格化"—"矢量蒙版"命令，即可将其栅格化，转换为图层蒙版。

　　（3）剪贴蒙版

　　剪贴蒙版可以用一个图层的区域来限制上层图像的显示范围，即可以通过一个图层来控制多个图层的可见内容，而图层蒙版和矢量蒙版都只能用于控制一个图层。

　　1）创建剪贴蒙版

　　① 创建一个 400 × 600 的背景文件，选择"编辑"菜单，点击"填充"命令，将文件的背景色设置为 #6D92C3。

　　② 打开一个图像文件，使用"移动工具"将它拖动到背景文件中。点击"创建新图层"按钮，创建新的图层"图层 2"，调整图层位置，将"图层 1"隐藏起来，选择"图层 2"，此时的图层面板如图 8-29 所示。

图 8-29　图层面板设置

　　③ 在工具箱中选择"自定形状工具"，在工具选项栏中选择"像素" 像素 ：，将前景色设置为黑色，选择"蝴蝶"形状，按住 Shift 键，拖动鼠标绘制"蝴蝶"形状，并使用"移动工具"移动"蝴蝶"到合适位置。在工具箱中选择"横排文字蒙版工具"，在画面中单击并输入文字，以便创建文字选区，执行"编辑"—"填充"命令，将文字选区填充为黑色，按下快捷键 Ctrl+D 取消选区。该步骤执行完的效果如图 8-30 所示。

　　④ 选择并显示"图层 1"，执行"图层"—"创建剪贴蒙版"命令，即可将该图层与它下面的图层创建为一个剪贴蒙版，如图 8-31 所示。

图 8-30　"图层 2"效果图

图 8-31　应用"剪贴蒙版"

提示

> 剪贴蒙版可以应用于多个图层，但是这些图层必须相邻。
> 选择一个内容图层，执行"图层"—"释放剪贴蒙版"命令，可以从剪贴蒙版中释放出该图层。如果该图层上面还有其他内容图层，则这些图层也会一同释放。

2）剪贴蒙版的图层结构

在剪贴蒙版组中，最下面的图层为基底图层，就是 ⤵ 图标指向的那个图层，其名称带有下画线；上面的图层为内容图层，缩览图是缩进的，并显示 ⤵ 图标，如图 8-32 所示。

基底图层中包含像素的区域控制内容图层的显示范围，因此，移动基底图层就可以改变内容图层的显示区域。

图 8-32　应用"剪贴蒙版"

3）设置剪贴蒙版的不透明度

剪贴蒙版组使用基底图层的不透明度属性，即可以通过调整基底图层的不透明度来控制整个剪贴蒙版组的不透明度，而调整内容图层的不透明度时，不会影响到剪贴蒙版组中的其他图层。

4）设置剪贴蒙版的混合模式

剪贴蒙版使用基底图层的混合属性，当基底图层为"正常"模式时，所有的图层将按照各自的混合模式与下面的图层混合。调整基底图层的混合模式时，整个剪贴蒙版中的图层都会使用此模式与下面的图层混合。调整内容图层时，仅对其自身产生作用，不会影响其他图层。

5）将图层加入剪贴蒙版组或释放剪贴蒙版组

在图层面板中将内容图层拖动到基底图层上即可加入到剪贴蒙版组，将内容图层拖动到其他图层上即可释放剪贴蒙版。

选择基底图层正上方的内容图层，执行"图层"—"释放剪贴蒙版"命令，可释放全部剪贴蒙版。

（4）快速蒙版

快速蒙版位于工具箱的下面 [图标]，主要是快速处理当前选区，不会生成相应附加图层（象征性在画板上用颜色区分），简单快捷。

任务实现 ///

（1）打开彩图72背景素材图和动物素材图，将动物素材图进行全选，复制后粘贴到背景素材图中，图层面板如图8-33所示。

（2）在图层面板最下面单击添加图层蒙版图标，如图8-34所示。

图8-33　将两个素材放到一起的图层面板

图8-34　为动物图像添加图层蒙版

（3）选择图层蒙版，设置前景色为黑色，背景色为白色，选择工具栏中的渐变工具，设置"前景色到背景色渐变"，如图8-35所示。

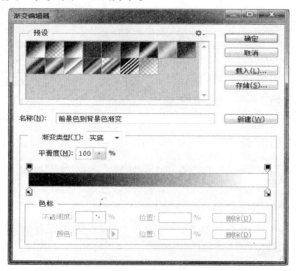

图8-35　渐变编辑器设置

（4）把渐变应用到图层蒙版上，效果如彩图 73 所示。

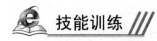 技能训练 ///

把图 8-36 的人物图像抠出来，替换为图 8-37 所示的背景。

图 8-36　人物素材　　　　　　　　　图 8-37　背景素材

提示：把图 8-36 加图层蒙版，通过不断调整画笔大小，进行人物抠图。

参 考 文 献

[1] 张梅，何福贵．Adobe Photoshop CS6 图像设计与制作技能实训教程 [M]．北京：科学出版社，2013．

[2] 张凡，于元青，尹棣楠．Photoshop CS6 中文版基础与实例教程 [M]．6 版．北京：机械工业出版社，2013．

[3] 晓青．Photoshop CS3 中文版实例教程 [M]．北京：人民邮电出版社，2008．

[4] 通图文化，盛秋．跟我玩数码照片 Photoshop CS4 实例入门 [M]．北京：人民邮电出版社，2009．

中国建材工业出版社
China Building Materials Press

我们提供

图书出版、图书广告宣传、企业/个人定向出版、设计业务、企业内刊等外包、代选代购图书、团体用书、会议、培训，其他深度合作等优质高效服务。

编 辑 部
010-88364778

宣传推广
010-68361706

出版咨询
010-68343948

图书销售
010-88386906

设计业务
010-68361706

邮箱：jccbs-zbs@163.com　　网址：www.jccbs.com.cn

发展出版传媒　服务经济建设

传播科技进步　满足社会需求